高士其科普经典丛书

细菌与人

高士其 著

北京出版集团

北京出版社

图书在版编目（CIP）数据

细菌与人 ／ 高士其著. — 北京 ：北京出版社，
2021. 7

（高士其科普经典丛书）

ISBN 978-7-200-16039-0

Ⅰ . ①细… Ⅱ . ①高… Ⅲ . ①细菌—青少年读物
Ⅳ . ①Q939. 1 - 49

中国版本图书馆 CIP 数据核字(2020)第 224236 号

高士其科普经典丛书

细菌与人

XIJUN YU REN

高士其　著

＊

北 京 出 版 集 团
　　　　　　　　　　出版
北 京 出 版 社

（北京北三环中路 6 号）

邮政编码：100120

网　　　址：www. bph. com. cn

北 京 出 版 集 团 总 发 行

新 华 书 店 经 销

河北宝昌佳彩印刷有限公司印刷

＊

170 毫米×240 毫米　　9. 25 印张　　180 千字
2021 年 7 月第 1 版　　2021 年 7 月第 1 次印刷

ISBN 978 - 7 - 200 - 16039 - 0

定价：23. 80 元

如有印装质量问题，由本社负责调换

质量监督电话：010 - 58572393

开场白

听呵，我所喜爱的人们，

在这动荡的大时代里①，

光明和黑暗的势力做着不断的搏斗，

人类互相火并。

我虽然没有上过战场，

但我的生命正在另外一种战场上，

进行着剧烈的战斗，

是人类和细菌的战斗。

我的战场是实验室，

我的武器是显微镜，

我担任着侦察细菌行动的工作，

收集了各方面关于细菌的情报。

我遭了细菌的暗算，

负伤了退下来，

---

① 指20世纪20—30年代世界局势动荡不安的时期，高士其先生在此期间不幸感染了病毒。

从那天起我就渐渐失去了我的健康。

脑病的恶魔把我封锁在这小小的房间里面，

森严的墙壁包围着我，

我被夹在天花板与地板之间了。

明媚的阳光从窗外射进来，

我也不能出去迎接她。

白天我被病魔捆缚在椅子上，

不能自由地行动；

夜晚我被病魔压伏在床上，

不能自由地转身。

甚至于连吃饭穿衣，

甚至于连洗脸刷牙，

甚至于连大小便，

都需要人家扶持，

都需要人家帮助。

这样的日子，

几十年如一天，

就这样慢慢地度过去了，

留下些写给我健康同胞们的诗句和文字……

1982 年 5 月 26 日

编者的话

高士其的作品，阐述的是现代科学，但却闪耀着古典文学的美，因为，许多词都源于古典文学而被天衣无缝地镶嵌进去，并融于一体。这对今天倡导传统文化的学习、继承是十分有益的。

高士其一生掌握四门外语，尤以英文为佳，他一度对自己的中文写作没有信心，求教于陶行知，陶先生告诉他："写文就是写话。"他牢记此点。

他又是一个集大成者。于是，他的作品像评书、像章回小说、像散文、像童话，又像人类生活史，如诗如画，阐幽述微而波澜壮阔。正因如此，高士其的作品自20世纪30年代迄今打动了无数青少年的心灵，而被称为科学童话、文学经典，亦由此而被公认为科普经典与成才宝库。

经典之所以为经典，必有它的精妙之处。高士其作品的特点是：中西合璧，古今合璧，雅俗合璧。这不仅体现在他的宗教精神、文化传统、科学内容与哲学思想上，也体现在一章一节的遣词造句之中。

高士其的作品平白如话而用字精美。但阅读本书，读者会出现这样的疑问，如"吧"写成"罢"，"的""地"混用，等等，甚或一些异体字和生僻字。其实这是"时代的语境"。每一个时代都有其用字用词的规范，因为语言是随着社会生活的变化而发展的。尤其是"五四"运动前后，新文化与旧文化、新文学与旧文学交替变革之间更是如此。所以在作者写作的年代，某些字词的习惯用法无疑和现在有一定的差异，但这也给现代读者特别是中小学生们，带来另一种阅读的体验。正如大家在阅读鲁迅先生、朱自清先生的散文、杂文和小说时也会有这样的体会一样。

所以，我们在编辑的过程中，最大限度地保持作品的原貌：能不改动的地方尽量不改，可改可不改的地方也尽量不改，文风保持原著的韵味，用语保留20世纪30年代的风格。

高士其的作品，多为拟人化的比喻，为此，对细菌、病毒也常常以"他"，而非"它"出现，以使读者感到与这些小生物们更为接近，所以对霍乱先生也不加引号，完全是平等的对话。

鉴于高士其作品的特殊性，汉语文体和谐、美观、诗意的整体风格，能用汉语数字的尽量不用阿拉伯数字。文章的分段也保持了诗意的美，便于青少年阅读的赏心悦目。

的确，高士其作品是近现代的散文诗，是科学与文学的完美结合，正是高士其作品的这一境界，令人兴趣盎然而一气阅读，不忍释手。这是所有读过高士其著作的人的共同感受。

这一点，阅读此书的青少年们不可不知也！

今天，普及微生物、细菌、病毒、公共卫生知识，其重要性不言而喻。

从21世纪初的SARS疫情到而今的新冠病毒肺炎疫情都告诉我们要防范、应对生物安全风险，促进生物技术健康发展，保护生物资源和生态环境，保障人民生命健康，实现人与自然的和谐共生，乃至构建人类命运共同体都亟须大力弘扬与普及此方面的科学知识。

同时高士其自20世纪70年代以来亦疾呼保护自然环境与人类生存家园而为此写下众多文章、诗篇。这正是高士其作品于当代意义之所在。

高志其

2020年12月4日，庚子仲冬际

高士其作品名家评介

　　高士其同志是一位优秀的作家。他以诗人的情怀和笔墨，为少年儿童写出许多流畅动人的科学诗文，这在儿童文学作者中是难能可贵的。

　　使我尤其敬佩的是他以伤残之身数十年如一日坚持不懈地为少年儿童写作，若不是有一颗热爱儿童的心和惊人的毅力，是办不到的。我希望亲爱的小读者们，在读到这本书时能够体会并且记住这一点。

——冰心

　　高士其同志能把深奥的科学知识化成生动有趣的故事。在他的作品里，细菌跃然纸上，同人说长道短，说明着自身的利弊；白血球在他的笔尖上英勇杀敌；他把土壤亲切地比喻为妈妈，"我们的土壤妈妈是地球工厂的女工"；他把终日与我们相伴的时间称为"时间伯伯"，要我们"一寸光阴一寸金"地去珍惜它……

　　细菌、白血球、土壤、时间……在高士其同志的笔下，都变成了一个个有血有肉、栩栩如生的精灵，都变成了摸得着、看得见、听得到的"人物"，在与我们发生着联系。

——钱信忠

高士其对细菌的描写是那样的生动、形象，使得我和很多青少年在读了他的作品后，便对科学产生了浓厚的兴趣。我后来所从事生物学的研究，应该说是离不开高士其老先生的启蒙、引导。

——陈章良

高士其的科学小品以细菌学为主，但是常常广征博引，涉及整个自然科学。尽管他自称他的科学小品是"点心"，是一碗"小馄饨"，实际上却是富有知识营养的"点心""小馄饨"。他的一篇科学小品只千把字，读者花片刻时间便可读完，然而在这片刻之间，却领略了科学世界的绮丽风光。

——叶永烈

《菌儿自传》可以说是一篇洋洋大观的奇文。通过这个小小的生物，画出了一幅上通云霄、下连江海的宏伟图景。五六万字的文章，势如破竹，一气呵成，使人读了确实有"飞流直下三千尺，疑是银河落九天"的感觉。

——黄树则

高士其早年因从事科学实验而身体受残，但他却以惊人的毅力克服重重困难，毕生从事把科学交给人民和教育青少年的工作。为此他整整奋斗了六十年，撰写了数百万字的作品和论文。他的著作闪耀着自强不息的光辉，是对青少年进行科学思想教育的好教材。

——傅铁山

半个多世纪以来，高士其在全身瘫痪的情况下致力于把科学交给人民的工作。在一个十二亿人口的国家普及科学，以坚韧不拔的毅力和精神领导中华民族走向科学。这在古今中外的历史上都是极为罕见和激动人心的。高士其不仅是中华民族的骄傲，而且也是人类世界的光荣。

——吴阶平

高士其从二十三岁开始到八十三岁离开人间，一直瘫痪在轮椅上为人类的和平幸福与科学传播孜孜不倦地奋斗了六十年，创造了令人难以置信的生命奇迹。

高士其作为一个残疾人，奋不顾身地为科学、真理献身，无私、无保留地为社会服务与奉献，是令人十分感泣的。正因为这样，高士其的名字在中国人民和亿万青少年中具有强烈的影响和感召力。

——王文元

高士其是我们时代的一位在传播科学知识方面做出巨大贡献的伟大人物。他的精神和动人事迹从20世纪30年代至今半个多世纪，教育鼓舞了我们几代人。早年在学生时代，我就读过高老的科学作品，听过高老的动人事迹，充满敬仰之情。

——杨纪珂

高士其同志是一位著名的科普读物作家，他在身体遭受疾病的摧残下，写出了不少很好的科普作品，受到了广大读者的欢迎。

——于光远

目录

健康与生活

生命的**传奇**

生命的起源

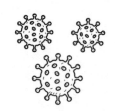

　　我今天给大家讲人类历史上的第一个故事，也是生物世界的第一个故事。这故事告诉我们天下的生物都是远亲近戚，这故事的题目叫作《生命的起源》。

　　人类有史以来，就对"生命的起源"这个问题动过脑筋了。在不同的时代，有许多伟大的思想家，都对这个问题产生了极大兴趣。这问题曾引起了许多科学家、哲学家、宗教家的热烈辩论，引起了激烈的、广泛的、尖锐的思想斗争。

　　让我们睁开眼睛看一看周围的自然界吧。我们随时都可以看到生物和无生物。在生物世界里，我们发现无数种类的动物和植物，什么虫呀，鱼呀，鸟呀，兽呀；什么花呀，草呀，树呀，真是形形色色非常热闹。但是在这里我们会碰到一个问题：从简单的微生物起到最复杂的人类止，各种各样的生物之间究竟有没有什么共同的特点呢？有的，那个特点就是"生命"。生物和无生物之间究竟有什么区别呢？有的，那个区别也就是"生命"。那么"生命"究竟是什么呢？最初的"生命"究竟是什么样子呢？"生命"究竟是怎样产生出来的呢？

这些都是很不容易解答的问题。因此，一般人对于生命的起源总是搞不通，有些人就凭空造谣，信口胡说，捏造出种种虚假的故事来。

第一种虚假的故事就是"上帝"的故事：

这故事告诉我们，宇宙万物都是"上帝"创造出来的。"上帝"在六天之内就创造了全世界。而且在第三天他创造了植物，在第五天创造了鱼类和鸟类，在第六天创造了兽类，最后创造了人，先创造男人，再创造女人。第一个男人的名字叫作"亚当"，他是"上帝"用泥土做成的，"上帝"吹了一口气他就活了起来，从他的身上取下一根肋骨，就造成最初的女人"夏娃"。

第二种虚假的故事就是"灵魂"的故事：

这故事告诉我们，原来我们的身体并不是活的东西，只有等到"灵魂"投到里面，才会活起来；"灵魂"就是"生命"。人死了以后，"灵魂"便离开躯体投到别处去了。看管这些"灵魂"的人就是魔鬼、神仙和菩萨。这种说法，在我们中国也是很流行的。

第三种虚假的故事就是自然发生的故事：

这里所谓自然发生是说虫呀，鱼呀，鸟呀，鼠呀这些小动物不但是从同类中产生出来，而且又是直接从自然中发生出来的。

例如，鱼和蝌蚪是从污水和河底淤泥里自己产生出来的。小老鼠是从垃圾堆里产生出来的。苍蝇是从粪土和腐肉里产生出来的。虱子是从人汗里产生出来的。

有这样看法的人，都忽视了一件事实，就是这些不干净的地方，也正是小动物们的巢窝和它们生育的地方。生物是不可能像这个样子突然地自然发生的。

我今天所要讲的，是关于"生命的起源"的一个真实的科学的故事。这故事是根据许多科学家的实验和观察而得来的，是集合近代天文学、地质学、化学和生物学的研究成果而说明的。

我现在就把《生命的起源》这个科学的故事分作三部分来讲：

第一部分，从地球的历史看生命的起源。

第二部分，从显微镜下看生命的起源。

第三部分，从化学变化中看生命的起源。

第一部分 从地球的历史看生命的起源

我们的地球从什么时候开始有生命

我们知道太阳里面是不会有生命的。根据科学家的估计，太阳表面的温度有6000℃，内部的温度更高，因此不会有什么生物存在。

按照拉普拉斯的假说和其他旧的说法，认为原始的地球是一团火焰，一团正在燃烧中的气体，直到现在还有火山爆发的现象，喷射出来的火焰里面奔流着各种气体和熔化的岩石，据说这些岩石的温度也常常达到1000℃左右。在这种温度下，是不可能有生物存在的。

按照苏联科学家施密特院士最新的理论，原始的地球是由许许多多尘埃质点聚集凝结而成的。在这个时候地球是冷的。在地球形成之后，由于地球内部放射性元素的蜕变而放射出大量的热，这种热超过了地球放射到空间去的热，在这个时候，地球只可能热起来不可能冷下去。到了后来，地球内部放射性物质减少，地球才开始冷却，这是几十万万年以前的事。

当地球温度增高的时候，地球上物质就变为可塑性的，轻的就慢慢地升起来，重的压下去，地面上就起了凹凸不平的皱纹，充满了热腾腾的水蒸气，凸处成为高山，凹处水蒸气冷了变成水就成为海洋。在原始海洋里，到了环境和气候都适合于生物生存的时候，才开始出现最原始、最简单的生命。

地层里的化石告诉我们些什么

什么是地层呢？

地质学家告诉我们，地壳的构造是分成一层一层的，这就叫作地层。愈在下面的地层形成得愈早，年代也愈远；愈在上面的地层形成得愈晚，年代也愈近。

什么是化石呢？古生物学家从这些地层里发掘出一种东西。这种东西，大部分都是生物体的坚硬部分，如骨骼和介壳之类，年代久了，在地层里变成了石头而保存下来。还有一部分是生物的印痕，如爬行动物的足迹和树叶的形态等，在适当的条件下被保存下来。在化石的发掘和研究中，世界各国的古生物学家都发现生物在地层里出现有一定的顺序，愈是低等的生物出现在愈古的地层里，因此对地层的研究，可以说明地球上生命发展的历史。

地层的研究，还可以使我们说明鸟类和兽类发源的历史。不管是鸟类或是兽类，都是爬行动物变来的。虽然当时地球上还没有人类，但是我们根据地层的研究，却可以断定有这种事实。

我们向地层一层一层地发掘下去，愈走愈古远，我们可以走到这样的年代——那时候在我们的地球上，非但没有鸟类和兽类，甚至没有爬行动物类，没有两栖类（水陆两处都可以住家的动物，如青蛙），也没有鱼类。因为地球上的生命并不是从鱼类开始的，在鱼类之前，在古代的海洋里，还生存着许多各种各样的比鱼类还要简单的动物。属于这种动物的有海绵、珊瑚、水母等。但是就是这些动物，也还不是生命的起源。科学再往地层里深入，在那里可以发现更简单动物的遗迹，但是这种遗迹我们很难看得清楚，因为时代已经这样古远，这些遗迹就很难保存得好，也因为这种生物离现在的动物是这样远，简直和现在的动物没有类似的地方。

所以，从地层的化石我们知道，地球上的生命产生得非常之早，并且是从很简单的生物开始的，但是这究竟是什么样的生物？并且它们又是怎样产生的呢？要明白这个问题，我们要依靠别的法子来研究。

第二部分　从显微镜下看生命的起源

显微镜揭穿了细胞的秘密

显微镜是一架构造相当复杂的工具，可以把平常看不见的东西放大到几十倍、几百倍、几千倍。平常看不见的东西，在显微镜下就可以看得清清楚楚了。我们人类和动植物的身体，不论哪一部分，都可以切成很薄很薄的薄片加以染色（切成薄片加以染色是因为这样才可以使细胞的轮廓分明，内容清晰），放在显微镜的下面来看，就可以发现我们人类和动植物的身体都有一个共同的特点，一个共同的结构，那就是"细胞"。细胞是什么呢？过去认为细胞就是生命的最小单位。但是这种说法现在看起来，是不正确的。因为现在我们知道还有比细胞更小的生命存在。不管怎么样，细胞总算是构成我们身体的很小很小的东西了。细胞里面都有一个核，叫作细胞核；细胞外面都有一层薄膜，叫作细胞膜；在细胞膜和细胞核之间充满了原生质。我们的身体就是由许多这样的细胞和细胞之间的物质结合而成的。我们人体的各部分细胞的形状，都不相同，有神经细胞、有肌肉细胞、有骨骼细胞、有皮肤细胞等等。这些细胞各有它们自己不同的任务，由于它们的分工合作，我们的身体才能够顺利地生长发育。

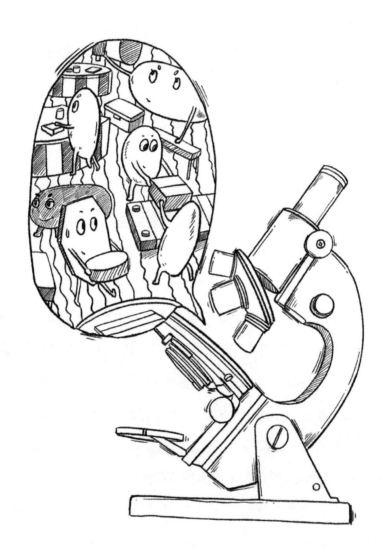

　　不但是这样，生物学家又告诉我们一个事实，这个事实就是我们人类和动植物，在很古远的时代以前，都有一个共同的祖先，那个共同的祖先，就是一种最简单的单细胞生物。我们现在的生物世界，也就是由这种最简单的单细胞生物发展而来的。

　　但是我们在这里又发生一个问题了，这种极简单的单细胞生物，是不是我们地球上生命的最初起源呢？不是的。最近科学的发现告诉我们，地球上的生命并不是从单细胞生物开始的。极简单的单细胞生物，固然比其他生物更为简单，但是它的内部构造仍然是很复杂的，它无论如何，还不是最简单的生物。

细胞也可以从蛋白质变成

　　研究细胞的科学，差不多有100年的光景，因为受了德国科学家微耳和的学说影响，认为细胞的前身必定也是细胞，细胞只能由细胞产生。因此，各种生物的身体只是细胞大大小小的集团罢了。后来恩格斯从唯物主义的观点来看细胞的起源，指出了微耳和的这种说法是错误的。恩格斯并不否认细胞是用分裂的方式来繁殖的，但是他断言，细胞也可以由蛋白质发生。很显然，当地球上出现生命的时候，细胞就是按照这个方式变成的。细胞是从原始的没有结构的蛋白质慢慢变成的。因此，蛋白质是构成细胞的主要成分，而同时也是细胞发展的基本来源。没有蛋白质就没有生命。

这个理论，最近已经由苏联科学家的研究完全证实了。当他们研究蝌蚪的时候，发现在蝌蚪的血液里没有细胞结构的卵黄球会转变成血球。这个发现指出了，细胞不一定只能由同类的母细胞发生，而且能够由没有细胞结构的"生活物质"转变而成。于是他们就选择了各种各样的含有"生活物质"的东西做研究的对象，进行了大量的研究工作。这些"生活物质"就是没有细胞结构而含有蛋白质，同时能进行新陈代谢作用的东西。他们最初研究了鸟、鱼和青蛙的卵。当研究鸡蛋的时候，他们发现了卵黄球转变成为细胞的全部过程。后来他们又研究水螅，用机械的方法，把水螅的细胞一个个都破坏了；但是经过了一小时之后，在他们所培养的东西里面就出现了许多针尖般大小的极小极小的小滴子；这些小滴子逐渐长大，长成许多没有显著的内部结构的蛋白质小块；这些蛋白质小块，加上一些养料，经过一昼夜，就转变成细胞的形态了。所有这些实验，告诉我们细胞能从某些没有细胞结构的更简单的"生活物质"变成。

肉眼看不见的微生物世界

　　显微镜的发明不但揭穿了细胞的秘密，还给我们开阔了一个新的世界，这个新的世界，就是我们肉眼看不见的微生物世界。

　　在微生物世界里，有三个国家。第一个国家，是原虫的国家。在这一个国家里的居民，有各种各样的原虫——变形虫、鞭毛虫、纤毛虫、芽孢虫，这些都是原虫的代表。它们虽然都是以单细胞的身份出现，但是内部结构并不简单。它们有许多都是人类和动物体内的寄生虫。它们算是动物界第一代的祖先。

第二个国家，是水藻的国家。在这个国家里的居民，有各种各样的水藻，它们的细胞里面都有叶绿素，有吸收阳光的能力，把碳酸气和水转变成糖类。它们算是植物界第一代的祖先。

第三个国家，是细菌的国家。在这个国家里的居民，有各种各样的球菌、杆菌和螺旋菌。有些细菌体内含有芽孢，有些细菌身上带有荚膜，有些细菌头上长有鞭毛。但是它们的细胞里面，并没有一个完整的看得出来的细胞核。因此，细菌实在是很小很简单的单细胞生物了。

让我们来看一看细菌的生活吧！细菌是无孔不入的活动家，它们在空气中流浪，在水里游泳，在土壤里翻身，在人类和动植物身上搬家。它们旅行到哪里，哪里就会发生重大的变化。有许多细菌都是生物界有名的坏蛋，它们是使我们发生传染病的战犯，它们破坏我们人类和动植物的健康。但是有些细菌对于人类也有益处，因为它们会发酵，人类就利用它们来造酒、做面包和酸菜，有些细菌不需要空气，也能够生存，它们对于土壤的改造是起一定作用的。有的细菌，会吸收空气中的氮，把它固定起来，这对于植物的生长是有功的。还有些细菌生活非常简单，依靠一些无机物也可以过日子，它们也能够在岩石上和温泉旁边生长。

细菌既然是这样渺小，生活又这样容易而简单，它们生长的区域又是这样广阔，地球上到处都有它们的踪迹。那么细菌是不是地球上最原始、最简单的生命呢？不是的。

还有比细菌更小的生物

还有比细菌更小更简单的生物，它们小得连显微镜也看不见了。这种生物的名字，叫作"滤过性病毒"。

为什么叫它们滤过性病毒呢？叫作滤过性病毒，是因为它们能够穿过一种用瓷做成的滤器。因为洞孔很小，用这种过滤器来滤含有细菌的汤水，细菌都滤不过去，而用来滤含有滤过性病毒的汤水，就会滤过去了。有些滤过性病毒常常带给我们天花、流行性感冒、伤风、脑炎、沙眼以及其他许多动植物的传染病。

这些滤过性病毒比细菌还要小几百倍、几千倍。最近科学家又发明一种更高度的显微镜，叫作"电子显微镜"，它可以把所要看的东西放大几万倍、几十万倍，于是用普通显微镜看不见的引起天花和流行性感冒的滤过性病毒，在电子显微镜下面也现出原形来了。

很明显的，提起滤过性病毒，我们已经走近生物和非生物的界限了，因为这些滤过性病毒的体积比蛋白质分子只大二三倍，而且最小的滤过性病毒比最复杂的蛋白质分子还要小，滤过性病毒也许就是一种特殊复杂的蛋白质吧！

第三部分　从化学变化中看生命的起源

蛋白质和其他一切有机化合物都含有碳元素

上面讲过，没有细胞结构的生活物质的主要成分是蛋白质，比细菌还要小的滤过性病毒，也是一种特殊的蛋白质。由此可见，在生命起源这问题上，蛋白质所占地位显得重要了。蛋白质就是一种很复杂的有机化合物。什么是有机化合物呢？凡是构成动植物身体的物质，以及用动植物身体做原料所制造出来的东西，很多都是有机化合物，例如酒精、醋酸、蔗糖、葡萄糖、淀粉、油和脂肪以及其他各种各样的食品、衣料、药品、燃料、香料、染料等。那么这些有机化合物究竟和无机化合物有什么区别呢？化学家告诉我们，有机化合物就是碳元素的化合物。有机化合物在它的构成中，都含有碳的成分，有机化合物的主要成分就是碳。我们可以用简单的试验来证明这一点，如果我们拿了一些有机物，如木材、布、皮革、毛发、猪肉之类放在没有空气的地方，加热到很高的温度，就都会变成碳。相反的，如果我们拿了一些无机物，如石头、玻璃、金属之类，怎样加热也不会变成碳的。

有机化合物，就是碳元素和其他各种不同的元素的化合物，这些不同的元素里，包括有氢、氧、氮、硫、磷、铁以及其他等等。

各种有机物，都是这些不同的元素和碳结合而成的。

蛋白质和其他一切有机化合物最初是怎样产生的

碳元素是一种非常普遍的元素，在各种天体上，在恒星上，在太阳系的各大行星上，在大大小小的流星上，都可以发现它的存在。

这些碳元素，有的时候是以天然的形态出现，如金刚石和石墨；有的时候是和金属熔化在一起；有的时候是和氢化合在一起。

科学研究证明了，我们的地球在最初形成的时候，它上面的碳元素，也是以这些形态出现的。

当地球开始形成的时候，碳元素就和其他各种元素在一起，尤其是和各种更难熔化的东西，各种重金属，特别是铁发生关系，结果产生了碳元素和金属的化合物，这就是地球中心轴的主要组成部分。

后来地球温度慢慢增高了，这些难熔化的金属元素，也大量地储藏在地球的中心轴上面，它们就变成了现在的矿山和山脉的薄膜，这些薄膜遮住了地球的中心轴。

当我们的地球还年轻的时候，这些矿山和山脉的薄膜，比较现在是稀薄得多，而且很不坚固，比较容易破裂，经过那些裂缝和缺口，地球中心轴的物质便涌流和喷发到地面上来，它们就和地球周围的大气接触。

今天包围着陆地和海洋，罩盖在地球表面上的大气，主要的成分是氧和氮。氧占大气全部的百分之二十一，氮占大气全部的百分之七十八。但是在最初的时候，地球的周围并不是这样，而是充满了热腾腾的水蒸气，这水蒸气就和喷射在地面上的金属碳化物的火流接触了。

在这种情形之下，究竟发生了些什么呢？我们知道金属碳化物和水蒸气的相互作用，能产生碳元素和氢元素的多种化合物，也就是"碳化氢"。

这些碳化氢于是开始和水蒸气结合起来，变化得非常迅速，结果产生了许多复杂的有机化合物。因为在水的分子里所包含的原子，除了氢以外，还有氧，所以在新产生的化合物的分子里面，就包含了碳、氢、氧三种不同的原子。

在那时候，还有一种气体也大量地存在地球的周围中，这种气体，叫作氨。氨就是阿摩尼亚。阿摩尼亚是一种氮和氢的化合物。那时候碳化氢不但和水蒸气发生关系，而且也和阿摩尼亚发生关系。在这种情形之下所产生的化合物的分子，已经是由碳、氧、氢和氮四种不同的原子构成了。

最初，碳化氢和由它们所形成的更复杂的有机化合物，是以气体的状态存在于地球的周围中。后来因为地球表面的温度逐渐降低了，在它周围中的水蒸气就凝结起来，变成了地球上原始的海洋。碳化氢和由它们所形成的化合物，就变成了这海洋中的溶化物。

碳化氢和它们所形成的化合物，是包含有伟大的化学力量的。

如果我们利用它们做基本原料，就可以在实验室中，人工地制造出差不多所有一切复杂的有机化合物。用碳化氢和水，化学家可以制造出酒精、醋酸、油类和糖类，以及美丽的染料、芬芳的香料；如果同时再加上阿摩尼亚，就可以制造出各种含氮素的有机化合物，其中也包括类似蛋白质的东西。

在无数有机化合物中，最重要的而引人发生兴趣的，就是蛋白质了。我们能在血液、组织、谷物、蔬菜中，在最简单生物的细胞中，在人体中都可以找得到它。

蛋白质确是生命物质的基础。恩格斯曾经指出：凡是有生命存在的地方，我们都能发现蛋白质，它是与生命分不开的。

关于蛋白质的问题，科学家已经研究了100多年，可是它依然顽强地保持着它的秘密，有好些关于蛋白质的理论，也没有被科学实验所证实。

苏联科学家谢林斯基院士和他的同事格夫利洛夫教授，较早地解决了蛋白质分子构造的问题。科学家们揭开了这一复杂物质的秘密，说明了它的构造，指出了人工制造蛋白质的一些方法。

苏联科学家奥巴林告诉我们，碳化氢和由它们所构成的化合物，不但在实验室里，就是在原始海洋的水中，也能够变成糖类和蛋白质，以及其他复杂的有机化合物。

这些有机化合物，虽然变化得很慢，但是它们会不断地引起新而又新的化学变化，由小而大，由简单而复杂，逐渐产生了构造很复杂的有机化合物。这样的由于水和碳化氢中间的相互作用，在原始海洋的水中，发生了一连串的连续变化，形成了复杂的有机化合物，特别是蛋白质。我们今天地球上的一切生物，就是由这些有机化合物所构成的。

从有机物的溶液到蛋白质的小滴子

上面所讲的有机化合物，最初不过是以一种溶液的状态存在于原始海洋中，它们是谈不到有什么组织和结构的。但是自从有了蛋白质，而且这种蛋白质溶液是和其他种类的蛋白质的溶液互相混合在一起，它们就变成了一种混浊的溶液，在这里面浮游着蛋白质小滴子，这些小滴子的科学名字叫作"团聚体"。

什么是"蛋白质小滴子"呢？如果我们在一定的温度条件下把白明胶、鸡蛋清和其他类似蛋白质的溶液互相搅和起来，那么本来是透明的溶液，就要变成混浊的了。如果我们把它放在显微镜底下看一看，就可以看见轮廓粗糙的游动着的小滴子，这就是蛋白质小滴子。

这种在溶液里浮沉着的蛋白质小滴子，已经具有一定的内部结构了。它们里面包含的微粒，不是没有秩序地排列着，而是有一定的规律。由于蛋白质小滴子的出现，自然界中就开始有了一些有组织和结构的东西了。虽然这种组织和结构还是很简单，而且不是很结实的。

可是这种组织和结构的出现，对生命的起源具有很大的意义。因为每一个蛋白质小滴子，能够在不同的溶液里捕取周围的东西，把它们吸收在自己的体内，而且它们就这样长大起来了。

在我们研究现代最简单生物的组织和结构的时候，我们就能够一步一步地推想，蛋白质小滴子的组织和结构，起初是比较简单，后来经过自然选择，逐渐变得复杂，逐渐变得完善了。这些变化最后的结果，必定会引起"突变"的，引起生活物质新形态的出现，引起最简单生物的产生。

这种原始的最简单生物的构造比蛋白质小滴子已经有显著的进步了，但是它比我们知道的现代的最简单的生物还要简单得多。自然选择继续进行，经过了许多年以后，它们越来越适合于它们的生存环境，同时生物的机体也越来越有组织了。

最初这些原始的简单的生物，都是以有机物为食品的。过了一个时期，这些有机物不够吃了，于是一些原始生物，又学会了依靠无机物来生存的本领。有些原始生物，能吸收阳光，利用这种能力以碳酸气和水分为主要原料，制造自己身体所需要的有机物，这样就出现了最简单的植物——蓝绿色的水藻。这种水藻的化石，可以在最古的地层里发掘出来。

其余的原始生物，都保留着以前的营养方法，于是那时候的水藻，又变成了它们的主要食物来源，细胞里的有机化合物，就被它们利用了。动物界最初的形态就是这样产生出来的。

从单细胞生物的产生到人类的出现

原始的海洋是生物的家乡。自从蛋白质小滴子出现之后，生命继续发展，到了原始生物更能适应环境、气候等的生存条件，于是小小的单细胞生物，如细菌、原虫和水藻之类，就统治了全世界。

又过了几千万年之后，在海洋的水里，出现了多细胞生物，如水母、软体动物、棘皮动物，跟着而来的就是三叶虫；三叶虫的出世，夺了单细胞生物的宝座，成为大海霸王。我们今天所见到的昆虫，都是它后代的儿孙。

再过了几千万年，大鱼小鱼都出世了。

以后又出现了出没水陆的动物，号称两栖类。又过了一个时期就有爬行动物的出现。这些洪荒时代的爬行动物，都是奇形怪状，庞大无比。

两栖类和爬行类都没有自己维持一定体温的能力，因此，它们都是冷血动物。

地面的气候，一天比一天冷了。鸟类和哺乳类动物就依循着爬行类的继续发展道路而出现，它们都是热血动物。哺乳类动物以猿为最聪明，它利用两手攀登树木，剖吃果实，渐渐有起立步行的趋势。由于生产劳动的结果，古猿学会了创造工具和使用工具，大脑和双手的合作也越来越密切，越来越发展，因此就能够克服困难。这样，猿就变成了人。

总　　结

从地球的历史研究生命的起源，我们所得到的结论是地球上的生命产生得非常早，几万万年以前就有最简单的生物出现了。这种最简单的生物，就是我们现代一切生物的祖先。

从显微镜下研究生命的起源，我们所得到的结论是细胞是构成我们动植物的身体的东西。而这些细胞，不但是由同类的细胞所产生，而且也可以由蛋白质发展而成。我们一般在普通显微镜下所能看见的最小最简单的生物是细菌，但是还有比细菌更小更简单的生物，那就是滤过性病毒（而且我们还不能说就没有比滤过性病毒更小更简单的生物了）。这种滤过性病毒，也就是一种特殊的蛋白质，也就是一种生活物质。这些事实都证明了，生命起源的线索要到蛋白质里面去找。

但是蛋白质是一种有机化合物，它和其他一切有机化合物都是从碳元素变化而来的。地球上的碳元素，最初是和金属元素熔化在一起，后来碳元素就和地面上的水蒸气接触，而变成碳氢化合物，这些碳氢化合物又和水蒸气、阿摩尼亚相结合，变成了各种各样的简单的有机化合物。这些简单的有机化合物，在原始海洋的水中，经过了许多相互作用，变成了更多更复杂的有机化合物，后来就产生了蛋白质。

蛋白质和其他一切有机化合物，起初是以溶液的状态出现，后来团聚起来，变成了蛋白质小滴子。最初这些蛋白质小滴子的结构比较简单，后来越变越复杂，越变越完备，逐渐发生了本质的变化，最后变成了原始的生物，变成了地球上一切生物的祖先。

这样，地球上的生命，从开始到现在，从简单到复杂，一共经过了许多阶段的变化，主要的可以分作下面几个阶段：

1. 从碳元素到有机化合物（包括简单的蛋白质）；

2. 从有机化合物的溶液到蛋白质小滴子，到原始的生物（这原始生物就是和生活物质以及滤过性病毒相类似的东西）；

3. 从原始的生物到没有完整细胞结构的生物（如细菌）；

4. 从没有完整细胞结构的生物到单细胞的植物和动物（如水藻和原虫）；

5. 从单细胞的植物和动物到多细胞的植物和动物（如三叶虫）；

6. 从多细胞的动物到鱼类；

7. 从鱼类到两栖类到爬行类到鸟类和哺乳类；

8. 从猿到人。

从有机物的产生到人类的出现，这中间经过了几万万年的时间，我现在只花一个多钟头就讲完了，讲得未免太简略了。

你们听过了这一篇演讲之后，也许在心里都会产生这样一个问题：为什么在今天的自然界里不会发生同样的事情呢？为什么现在的生物只能够由同类生物产生呢？我们知道生命发展的过程，是需要很长时间的变化。而现在任何有机物的溶液，不论在哪里出现，

都会很快地被散居在空气、水和土壤里的细菌所分解。所以它就不能经过长期的变化，而变成有生命的蛋白质小滴子。

但是，也许我们可以在实验室里，用人工制造生命。现在科学已经能够详细地研究出生物的内部构造，我们一定能够用人工的方法制造出这种结构。

我讲的是一个真实的科学故事，这和宗教的、唯心的说法根本不同。这故事说明了，对于生命起源的唯物的看法，就是说生命不是精神的东西，而是物质的一种特殊形态，它们是在自然历史发展的一定阶段上产生出来的。

细胞的不死精神

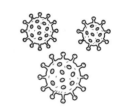

嘀嗒嘀嗒……嘀嗒又嘀嗒。

壁上挂钟的声音，不停地摇响，在催着我们过年似的。

不会停的啊！若没有环境的阻力，只有地心的引力，那挂钟的钟摆，将永远在摇摆，永远嘀嗒嘀嗒。

苹果落在地上了，江河的潮水一涨一退，天空星球在转动，也都为着地心的引力。

这是18世纪，英国那位大科学家牛顿先生告诉我们的话。

但，我想，环境虽有阻力，钟的摇摆，虽渐渐不幸而停止了，还可用我的手，再把发条开一开，再把钟摆摆一摆，又嘀嗒嘀嗒地摇响不停了。

再不然，钟的机器坏了，还可以修理的呀。修理不行，还可以拆散改造的呀。

我们这世界，断没有不能改良的坏货。不然，收买旧东西的，便要饿肚皮。

钟摆到底是钟摆，怕的是被古董家买去收藏起来，不怕环境有多么大的阻力，当有再摇再摆的日子。

地心的引力，环境的阻力，是抵不住、压不倒，人类双手和大脑的一齐努力抗战啊。你不看，一架一架，各式各样的飞机，不是都不怕地心的引力，都能远离地面而高飞吗？

这一来，钟摆仍是可以嘀嗒嘀嗒地不停了。也许因外力的压迫，暂时吞声，然而不断地努力、修理、改造，整个嘀嗒嘀嗒的声音，万不至于绝响的啊！

无生命的钟摆，经人手的一拨再拨，尚且永远不会停止；有生命的东西，为什么就会死亡？究竟有没有永生的可能呢？

死亡与永生，这个切身的问题，大家都还没有得到一个正确的解答。

在这年底难关大战临头的当儿，握着实权的老板掌柜们，奄奄没有一些儿生气，害得我们没头没脑，看见一群强盗来抢，就东逃西躲，没有一个敢出来抵抗，还有人勾结强盗以图分赃哩。真是1935年好容易过去，1936年又不知怎样。不知怎样做人是好，求生不得，求死不能，生死的问题愈加紧迫了。

然而这问题不是悄悄地绝望了。

我们不是坐着等死，科学已指示我们的归路、前途。

我们要在生之中探死，死里求生。

生何以故会生？

生是因为，在天然的适当环境之中，我们有一颗不能不长，不能不分的细胞。

细胞是生命的最小最简单的代表，是生命的起码货色。不论是穷得如细菌或阿米巴，一条性命，也有一粒寒酸的细胞，或富得像树或人一般，一身也不过多拥有几万万细胞罢了。山芋的细胞，红葡萄的细胞，不比老松老柏的细胞小多少。大象、大鲸的细胞，也不比小鼠、小蚁的细胞大多少。在这生物的一切不平等声浪中，细胞大小肥瘦的相差，总算差强人意吧。

这细胞，不问他是属于哪一位生物，落到适合于他生活的肉汁、血液，或有机的盐水当中，就像磁石碰见铁粉一般地高兴，尽量去吸收那环境的滋养料。

吸收滋养料，就是吃东西，是细胞的第一个本能。

吃饱了，会胀大，胀得满满大大的，又嫌自己太笨太重了，于是不得不分身，一分而为二。

分身就等于生孩子，是细胞的第二个本能。

分身后，身子轻小了一半，食欲又增进了。于是两个细胞一齐吃，吃了再分，分了又吃。

这一来，细胞是一刻比一刻多了。

生物之所以能生存，生命之所以能延续下去，就靠着这能吃能分的细胞。

然而，若一任细胞，不停地分下去，由小孩子变成大人，由小块头变成大块头，再大起来，可不得了，真要变成大人国的巨人，或竟如希腊神话中的擎天大汉，或如佛经中的须弥山王那么大了。

　　为什么，人一过了青春时期，只见他一天老过一天，不见他一天高大过一天呢？

　　是不是细胞分得疲乏了，不肯再分哪？有没有哪一天哪一个时辰，细胞突然宣告停业了倒闭了呀？

　　细胞的靠得住与靠不住，正如银行商店的靠得住与靠不住，不然，人怎么一饿就瘦，再饿就病，久饿就死呢？不是细胞亏本而涅槃吗？那么，给它以无穷雄厚的资源，细胞会不会超过死亡的难关，而达于永生之域呢？

　　这是一个谜。

　　这个谜，绞尽了几十个科学家的脑汁，费光了好几位生理学者的心血，终于是打破了。

　　1913那一年，有一天，在纽约，在那一所煤油大王洛氏基金所兴建的研究院里，有一位戴着白金眼镜的生理学者，葛礼博士，手里拿着一把消过毒的解剖刀，将活活的一只童鸡的心取出，他用轻快的手术，割下一小块鲜红的心肌肉，投入丰美的滋养汁中，放在一个明净的玻璃杯里面。立刻下了一道紧急戒严令，长期不许细菌飞进去捣乱，并且从那天起，时时灌入新鲜的滋养汁，不使那块心肌肉的细胞有一刻饿。

自那天起，那小小一块肉胚，每过了24个钟头，就长大了一倍，一直活到现在。

前几年，我在纽约城，参观洛氏研究院，也曾亲见过这活宝贝，那时候已经活了16年了，仍在继续增长。

本来，在鸡身内的心肉，只活到一年，就不再长大了。而且，鸡蛋一成了鸡形，那心肉细胞的分身率，就开始退减了。而今这个养在鸡身以外的心肉细胞，竟然已超过了死亡的境界，而达到永生之域了。至少，在人工培养之中，还没有接到它停止分身的消息啊！

葛礼博士这个惊人的实验证实了细胞的伟大。

细胞真可称为仙胞，他有长生不死的精神与力量。只可惜为那死板板的环境所限制。一粒细胞，分身生殖的能力虽无穷，恨没有一个容纳这无穷之生的躯壳，因而细胞受了委屈，生物都有死亡之祸了。

说到这里，我又记起那寒酸不过，一身只有一粒细胞的细菌。他们那些小伙伴当中，有一位爱吃牛奶的兄弟，叫作"乳酸杆菌"。当他初跳进牛奶瓶里去时，很显出一场威风，几乎把牛奶的精华都吃光了。后来，谁知他吃得过火，起了酸素作用，大煞风景了。因为在酸溜溜的奶汁里，他根本就活不成。

这是怪牛奶瓶太小，酸却集中了。设使牛奶瓶无限大，酸也可以散至"乌有之乡"去，那杆菌也可以生存下去了。

这是细菌的繁殖，也受了环境的限制。

　　环境限制人身细胞的发展，除了食物和气候而外，要算是形骸。

　　形骸是人身的架子，架子既经定造好了，就不能再大，不能再小，因而细胞又受着委屈了。

　　据说限制人身细胞的发展，还有"内分泌"咧。

　　内分泌，这稀奇的东西，太多了也坏事，太少了也坏事，我们现在且不必问它。

　　用人手一拨，钟摆可以不停。

　　用人工培养，细胞可以永生。

单细胞生物的性生活

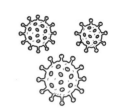

《西游记》里，孙行者有七十二变，拔下一根毫毛，迎风一吹，说一声"变"，变出一个和他一般模样的猴儿，手里也拿着金箍棒，跳来跳去。把全身的毫毛都拔下，就变出无数拿金箍棒的猴儿来，可以抗尽天兵天将。不这样讲，不足以显出齐天大圣的神通广大了。

羽扇纶巾的诸葛亮，坐在手推车里，也会演出分身术的戏法来，把敌人兵马都吓退了。

这两段故事，虽荒诞无稽，可是大众的脑子，已给深深地印上分身变化的影子了。

我们现在把这影子，引归正道，用它来比生物学上的现象。

地球上一切生物，哪个不会变化，哪个不会分身？有了分身的本领，才可以生生不灭哩。

我们眼角边，没有挂着一架显微镜，所有自然界中，一切细腻而灵活，奇妙而真实的变动，肉眼虽大，总是看不见的啊！

春雷一响，草木个个都伸腰舒臂，呵一口气而醒来了。一晚上的工夫，枯黄瘦削的树干上，已渐渐长出新枝嫩叶，又渐渐放出一瓣一瓣的花儿蕊儿。娇滴滴的绿，艳点点的红，一忽儿看它们出来，一忽儿看它们残谢，它们到底是怎样发生、怎样变化呢？

吃过了一对新夫妇的喜酒。不久之后，便见那新娘子的肚子，渐渐膨胀起来，一天大似一天。又过了几个月头，那妇人的怀中，抱着一个啼啼哭哭的小娃娃在喂奶了。新婚后，女人的身体上，起了什么突变？那孩子又怎样地变出来呢？

这一类的问题，大众即使懂得一点儿，也还是一知半解，没有整个地明了、全部地认识过吗？

在显微镜下看来看去，不论是人，拥有一万万个以上的又丰又肥的细胞，或是阿米巴，孤零零地只有一个带点寒酸气的穷细胞，基本上的变化，千变万变万万变，都是由于一个原始细胞，用分身术，一而二、二而四，而八，而十六，不断不穷地，自有生之初，一直变下来，变成现在这样子了。不过，这其间，经过一期一期的外力压迫，而发生一次一次的突变，于是连变的方法，也改良了，各有各的花样了。

这些变的方法，变的花样，归纳起来，可分为两大类：一类是孤身独行，一粒一粒单单的细胞，自由自主地，分成两个；一类是偏要配合成双，先有两个细胞，化在一起，而后才肯开始一变二、二变四地分身。前一类，无须经过结合的麻烦，所以叫作"无性生殖",后一种,非有配偶不可,所以叫作"有性生殖"。它们的目的都在生殖传种,而它们的方法则有有性无性的分别。

单细胞生物,寂寞地运用它那一颗,孤苦伶仃的细胞,竟然也能完成生存的使命。

慢一点,生存的使命是什么?

是一切生物共同的目标,是利用环境的食料与富源,不惜任何牺牲,竭力地把本种本族的生命,永远延续下去,保持本种本族在自然界中固有的地位,尽量发展所有的本能。凡足以危害,甚至于灭亡吾种吾族的种种恶势力,皆奋力与之斗争;凡是大众生活的友好,却予以提携互助,合力维护生物全体的均衡。

总之,种的留传和生物界的均衡,便是生存最终的使命。而同时一切的变化与创造,乃是生活过程中,种种段段的表现而已。

单细胞生物中,单纯用无性生殖以传种者居多,用有性生殖以传种者,也有。

就无性生殖而言,这其间,至少也有三种花样,样样不同,各自有道理。

从荷花池中,烂泥污水里,滤出来长不满百分之一英寸①的阿米巴,婆娑多态,佶屈不平,那一条忽伸忽缩的伪足,真够迷人。在墙根底下,雨水滴漏处,刮下来纷纷四散的青苔绿藓,形似小球儿,

———————

① 英寸,英制长度单位,1英寸等于2.54厘米。

结成一块儿，有时蔓延到屋瓦，浓绿淡青，带点古色古味，爽人心脾。这两种，一是最简单的动物，一是最简单的植物。它们的单细胞当中，都有一粒核心，核心里面都有若干染色体，不能再少了。当它们吃饱之后，染色体先分为两半，继而核心也分作两粒，最后整个的细胞，也分裂而变成两个了。两个细胞，一齐长大起来，和原有的细胞一般模样又重新再分了。这样的分法，一代传一代，不需一个时辰，然而其间也曾经过不少细微的波折，非亲眼在显微镜下观察，未能领悟其中真相，这是无性生殖之一种。

圆胖圆胖的"酵母"，身上带点醉意和糖味，专爱唉水果，吃淀粉，成天地在酒桶里胡调，吃了葡萄，吐出葡萄酒，吃了麦芽，吐出啤酒，吃了火上烘的麦粉浆，发成了热腾腾的面包、馒头。小小的"酵母"，真不愧是我们特约制酒发酵的小技师。这个单细胞小植物长不满四千分之一英寸，胞中也有核心，身旁时时会起泡，东起一个泡，西起一个泡，那泡渐胀渐大，变成大酵母，和原有的细胞分家而自立了。这种分身法，叫作发芽生殖，是无性生殖之第二种。

水陆两栖的青蛙，我们是听惯见惯的了。还有"两寄"的疟虫，可惜很多人都没有机会和它会会面，然而我们小百姓，年年夏秋之间常常吃它的亏，遭它的暗算。这疟虫，是一种吃血的寄生虫，也是单细胞动物之一种，和阿米巴小同而大异。

疟虫两寄，是哪两寄？

一寄生于人身，钻入红血球，吃血素以自肥，血素吃厌了，变成雄与雌，蚊子咬人时，趁势滚进蚊子肚里去了。一寄生于蚊身，在蚊胃里混了半辈子，经过一段一段的演变，变成许多镰刀形似的疟虫儿，伏在蚊子口津里，蚊子再度咬人，又送到人血里去了。这样地，奔来奔去，一回蚊子一回人，这里寄宿几夜，那里寄宿几天，这就叫作"两寄"。

本来，同是生物，尽可通融、互惠，让它寄寄也无妨。但恨它，阴险成性，专图破坏我们的组织，屠杀我们的血球，使受其害者，忽而一场大寒，忽而一阵大热，汗流如注，性命交关，不得已吞服了"金鸡纳霜"①。把这无赖的疟虫，一起杀退，还我们失去的健康！

当那疟虫钻进红血球里去之后，就蜷伏在那里不动，这时候它的形态，佶屈不平，颇似阿米巴而小。它坐在那里，一点一点地把红血球里可吃的东西，都吃光了，自己渐渐肥大起来，变成十二个至十六个，小豆子似的芽孢，涨满了红血球，涨破了红血球，奔散到血液的狂流中，各自另觅新的红血球而吃了。当这时候那病人，便牙战身抖，如卧寒冰，接着全身热烫起来。那疟虫吃光了新血球，又变成那么多的芽孢，再破红血球而流奔，重觅新血球，这样地循环不已，血球虽多，怎经得起它的节节进攻，步步压迫呢？这利用芽孢以传种的勾当，就叫作芽孢生殖。这是无性生殖的第三花样。所以像疟虫这一类的单细胞动物，统称作"吃血芽孢虫"。

如此这般专用分身的法子以传种，这条妙计，永远行得通吗？

---

① 金鸡纳霜，也叫奎宁，用于治疗疟疾。

分身术可以传之万世，万万世，终不至于有精竭力尽，欲分不得，欲罢不能的日子吗？太阳究竟会不会灭亡？生物究竟会不会绝种？细胞永远维持它食料的供给，究竟会不会有那一天，行不得也哥哥，再也分不下去了？然而，那一天，终究没有到，没有见证，我们不能妄下判词呀。

不过，自然界为维护生之永续起见，已经及早预防了。物种生命的第二道防线，已经安排好了。

这道防线，就是有性生殖。

有性生殖，就是有配偶的生殖。它的功用，是使生殖的力量加厚，生殖的机能激增，两个异体的细胞合作，彼此都多了一个生力军，物种也多了一份变化的因素了。

孤零零的一个细胞，单枪匹马地分变，总觉有些寂寞、单调，而生厌烦吗？好了，现在也知追寻终身的伴侣了，大家都得着贴身的安慰了，地球因此也愈加繁荣了。

然而，无性生殖者，根本没有度过性生活的必要，好不自在，比一般尼姑和尚还清净，无牵无挂，逍遥遥地，吃饱了就分，分疲了又吃，岂不很好？有性生殖者，就大忙特忙了，既忙找配偶，又须忙结婚，哪有一分自由？

但是，太信任自由，易陷于孤立，一旦遇到暴风雨的袭击，就难以支持了。

于是生物，都渐由无性生殖，而发展至有性生殖，换一句话，由独身生活，而进于婚姻生活了。

在单细胞生物中，以无性而兼有性生殖者，"草履虫"就是一个好榜样。

草履虫，也可以从池塘中，烂泥污水里寻出。一小白点，一小白点，会游会动的小东西，放在显微镜下一看，形似南国田夫所穿的草鞋，全身披着一层细毛，借这细毛的鼓动以前进后退。它真是稳健实在多了，不学阿米巴那样假形假态，虽仍是单细胞，也有口，有食管，有两个排泄用的收缩泡，有食物储存泡，核心也有两颗，一大一小。

有这一大一小的核心，它生殖传种的花样，就比较的复杂了。

起先是身体拉长，小核心分作两个，继而大核心也分而为二，口、食管、收缩泡等，都化成细胞浆了。于是身体中断，变成一双草履虫儿了，口、食管、收缩泡等，又各自长出来了。大约每24小时，它就分身一次。据说有人看它分身，分到二千五百次，它还没有停止咧。

但，不知怎样，它后来终于是老迈无能了，赶紧和它的同伴结婚，两只草履虫，相偎相倚，紧紧贴在一起，互吐津液，交换小核心，其中情形，曲曲折折，难分难舍，难以细描了。总之，经过了这一番甜蜜蜜的结合，唤回了青春，又彼此分栖，各自分成两个儿子，又分成四个孙儿，一共是八个青春活泼的草履虫，重返于从前独身分变的生活了。

这虽是有性生殖之一种，但不分阴阳，不别雌雄，随随便便，找到同伴，结合结合，就行了。

然则，真的两性结合，又是怎样呢？

话又说到前面去了，不是那吃血的疟虫，正在用芽孢生殖法，循环地破坏我们的红血球吗？它若光是这样吃下去，老是躲在血球里面去，哪里会有这八面威风的架子？重见蚊子的肚肠，再乘着蚊子当飞机，去投弹于另一个人的血液里去呢。

疟蚊深明疾病大势，精通攻人韬略，它在人血里，传了好几代，儿孙满堂，饮血狂欢，不知哪里听到蚊子飞近的消息，有好几房的疟虫儿孙，在血球里面闷不过，不肯再分芽孢了，突然摇身一变，变成雌雄两个细胞，十分威仪。有一次，一对一对疟虫新夫妇，正在暗红的血洞里游行，忽然瞥见洞壁上插进来刺刀似的圆管，大家一看都乐了，都明白这是蚊子的刺，来接它们出去，于是它们一对一对，争先恐后地都跳进这刺管，冲到蚊子肚子里去了。在蚊子肚子里，那雄的细胞，放出好几条游丝似的精虫，有一条精虫跑得独快，先钻入那雌的细胞，和核心结合去，其余的精虫就都化走了。这样地结合之后，慢慢地胀大起来，分成了无数小镰刀似的疟虫芽孢儿，又伏在蚊子口津里，等着要吃人血了。

这就是雌雄两性生殖，顶简单的例子。

这一篇所讲的形形色色的杂碎的东西，就是单细胞生物的性生活的种种花样。至于多细胞生物的性生活又是怎样呢？那是后话。

新陈代谢中蛋白质的三种使命

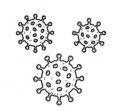

"新陈代谢"这名词，在大众脑子里，没有一些儿印象；就有，也不十分深刻罢，有好些读者，都还是初次见面。

比较的最熟识，而兼最受欢迎的，还是为首的那"新"字，尤其是在这充满了新年气象的当儿。

现在有多少人正忙着过新年。国难①是已险恶到这地步，民众仍是不肯随随便便放弃去吃年糕的惯例。得贺年时，还是贺年。虽是旧历废了，改用新历，但，不问新与旧，街坊上年糕店的生意，依样地兴旺。

只要年年年糕够吃，人人都吃得起年糕，人人都能装出一副笑眼笑脸去吃年糕，中国是永远不会亡的。

————————

① 指20世纪30年代抗战前后。

就有那些人，成天里，不吃别的，只吃些年糕当饭，也于健康有碍。因为平常的年糕里，大部分都是米粉、糖及脂肪，所含的蛋白质极少极少，而蛋白质却是食物中的中坚分子，不容吃得太少了。

大众说："'蛋白质'又是一个新鲜的名词，有点生硬，咽不下去。"

化学家就解释说："在动植物身上，所寻出的有机氮化物，大半都是'蛋白质'。例如，鸡蛋的蛋白，就几乎完全都是蛋白质，蛋白质也因此而得名。蛋白质的种类很多，结构很复杂，而它实是一切活细胞里面，最重要的成分。地球上所有的生活作用，不能没有它。动物的食料中，万万不能缺少它。"

生物身上之有蛋白质，是生命的基本力量，犹国难声中之有救国学生运动，是挽救民族的基本力量啊。

学生是国家的蛋白质。

旧年过去新年来，有钱的人家，吃的总是大鸡大肉，没钱的人家，吃的总是青菜豆腐，有的穷苦的人家到了过年的时候，也勉强或借或当，凑出一点钱来买些不大新鲜的肉皮肉坯，尝尝肉味。有的更穷苦的，战战栗栗地，拥着破棉袄，沿街讨饭也可以讨得一些肉渣菜底。顶苦的是苦了那些吃草根树叶的灾民，在这冰天雪地的季节，草根也掘不动，树叶也凋零枯黄尽了。吃敌兵的炮弹，只有一刹那间的热血狂流，一死而休。真是，我们这些受冻饿压迫的活罪，不啻早已宣判了死刑，恨不得都冲到前线去，和陷我们堕入这人间地狱，比猛兽恶菌还凶狠的帝国主义者肉搏。

肉搏是靠着徒手空拳，靠着肉的抗争力量啊！这也靠着肉里面含有丰富坚实的蛋白质啊。然而经常吃肉的人，虽多是面团团体胖胖，却不一定就精神百倍，气力十足。这是因为他们太舒服了，蛋白质没有完全运用，失去了均衡了。

至于青菜豆腐，草根树叶，虽很微贱，贵人们都看不起，却也有生命的力量，也含有不少的蛋白质。这些植物的蛋白质，吞到人的肚子里，不大容易消化，没有猪肉鸡肉那样好消化。然而劳苦大众吃了它们，多能尽量地消化运用，丝毫都没有浪费，一滴一粒都变成血汗和种种有力的细胞，只恐不够，哪怕吃太饱了。

蛋白质，不问是动物的，或是植物的，吃到了肚子里，经过了胃汁的消化，分解成为各种"氨基酸"。"氨基酸"又是一个新异的名词。它是合"阿摩尼亚"的"阿"和"有机酸"的"酸"而成。我们大众只需认它是一种较简单的"有机氮化物"罢了。

这些"氨基酸"，就是蛋白质的代表，就渐渐地由小肠、大肠的圆壁上，为血液所吸收。所以过了大小肠之后，大多数的蛋白质都渐渐地不见了，以致屎里面所含"氮"的总量，总没有吃进去的东西那么多。

胃，就像是蛋白质的学校，我们吃进去的鱼肉鸡鸭、青菜豆腐，都在那里受胃汁的训练与淘汰，被血液吸收之后，便是蛋白质毕了业，被引到社会中服务去了。

进了血液，到了社会以后，是怎样发展，怎样转变呢？那便是我们目前所要追问的问题——"新陈代谢"。

"新陈代谢"是"荣养"的别名，是食料由胃肠到了血液之后，直至排泄出体外为止，这一大段过程中的种种演变。

"新陈代谢"固不限于蛋白质、荣养的要素，还有碳水化合物、脂肪、维生素、水、无机盐等。这些要素，一件也不能缺少，缺少一件就要发生毛病。然而，蛋白质却是它们当中的最实在、最中坚的分子。

蛋白质有什么资格，什么力量，配称作食物中的中坚分子呢？

这是因为它在荣养中，在新陈代谢中，负有三种伟大的使命。

蛋白质化为"氨基酸"，进了肠的血流，都在肝里面会齐，然后向血液的总流出发，由红血球分送至全身各细胞、各组织、各器官。

在这些细胞、组织、器官里面，那"氨基酸"经过生理的综合，又变成新蛋白质。人身的细胞、组织、器官，时时刻刻都在变化、更换，旧的下野，新的上台，而这些新蛋白质，便是补充、复兴旧生命的新机构。

在被吸进了血流的氨基酸，种种色色，里面的分子，很是复杂。有的颇是精明能干，自强不息，立为细胞所起用；有的迟钝笨拙，或过于腐化，为细胞所不愿收。

在这一点看去，据生理学者的实验，植物的蛋白质，不如动物的蛋白质之容易为人身细胞所吸用。这理论如果属实，又苦了我们没的肉吃的大众了。

据说，牛肉汁的蛋白质，最丰最好，牛奶次之，鱼又次之，蟹肉、豆、麦粉、米饭，依次递降一个不如一个了。

那些不为细胞组织等所吸用，没有收作生命的新机构的"氨基酸"，做什么去了？我们吃多了蛋白质，那过剩的蛋白人才，有什么出路呢？

那它们的大部，就都变成为生命的活动力，变成和碳水化合物及脂肪一样，也会发热，也会生力。"氨基酸"又分解了。那"阿"的部分，变成为"阿摩尼亚"，又变成了"尿素"，顺着尿道出去了。那"有机酸"的部分，受了氧化，以供给生命的新活动力。

这生命的新动力，便是蛋白质的第二种使命。

食物蛋白质的第三种使命，就是储存起来，以备非常时期的急用。在这一点，它们是生命的准备库，是生存竞争的后备军。这一定要等到生命的新机构完成，活动力充足以后，才有这一部分多余的分子。

我们平日每顿饭都吃得饱饱的，尤其是常吃滋补品的人，身上自然就留下许多没有事干的、失业的蛋白质。它们都东漂西泊，散在人身的流液或组织里面，没有一点生气。

但，一到了危难的时候，一到那人挨饿，挨了好几天的饿，肚子里蛋白质宣告破产，血液没有收入，于是各组织都急忙调动，收容这些储存的蛋白质来补充，于是这些失业的蛋白质，都应召而往，活跃起来了。所以平常吃得好，蛋白质有雄厚的准备，一旦事起，虽绝食几天，不要紧。

在新陈代谢中，蛋白质是生命的新机构、生命的新动力。

民主的纤毛细胞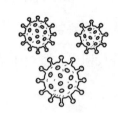

　　为了要写一篇科学小品，我的大脑就召集全身细胞代表在大脑细胞的会议厅里面，开了一次紧急会议，商讨应付办法。纤毛细胞和肌肉细胞的代表联名提出了一个书面建议，在那建议书上，他们提出了一个题目，就是《纤毛细胞和肌肉细胞》，他们的理由是：纤毛和肌肉都是人身劳动的主要工具，都是生命的最活泼的机器，应该向广大中国人民做一番普遍的宣传。

　　我的大脑细胞就说："本细胞不是生理学专家，虽然也曾在医科大学的生理学讲堂里听过课，并且曾在生理学的试验室里跑来跑去过，但这是很久以前的事了，因此对于生理学的记忆是十分模糊的。"

　　经过大家讨论之后，就决定由大脑的记忆区里面选出几位代表，会同视觉和听觉的代表，坐回忆号的轮船到微生物的世界里去访问微生物界的几个特殊的细胞，征求他们的意见。

首先，他们去访问的是细菌国里的球菌先生。

球菌先生正坐在显微镜底下的玻璃片上面一滴水里面。他，一丝不挂的光溜溜的细胞，坐在那里，动也不动，就对我的大脑细胞代表团说：

"这题目我对它一点印象都没有，因为我本身的细胞膜上面一根毛也没有，当我出现在地球上的空气中和土壤里面的时候，生物的伸缩运动还没有开始。因此，我对于这个问题是没有什么意见的。"

在另外一张玻璃片上，他们又去访问了杆菌先生的家庭。

杆菌先生的家里，人口众多，形形色色，无奇不有。有的细胞肚里藏着一颗十分坚实的芽孢，有的细胞身上披着一层油腻的脂肪衣服。最后我的大脑细胞代表团发现一群杆菌在水里游泳，露出一根一根胡须似的长毛。

他们就上前对这些有毛的杆菌说明了来意。

那些杆菌就说：

"我们细胞身上虽然长出不少的毛，它们的科学名词却是鞭毛，我们都是鞭毛细菌，纤毛细胞还是我们的后辈，你们要到动物细胞的世界里面去调查一下，才能明了真相呀。"

出了细菌国的边境，有两条水路，一条可以通到原生植物的国境；一条可以直达原生动物的国境。

这原生动物的国土上有四个大都市：第一个大都市是变形虫都

市；第二个大都市是鞭毛虫都市；第三个大都市就是纤毛虫都市；还有一个大都市，那是孢子虫都市。

变形虫和孢子虫的细胞身上都没有毛，鞭毛虫的细胞身上只有稀稀疏疏的几根鞭子似的长毛，只有那第三个大都市的居民才个个细胞身上生长着满身的纤毛，他们才是纤毛细胞真正的代表，也就是我的大脑细胞代表团所要访问的对象。

于是，他们就到纤毛细胞的都市里去采访这一篇科学小品的材料。

他们走进城里，看见那些细胞民众都在舞动着他们的纤毛，有的在走路，有的在吸取食物，有的在呼吸新鲜的空气。

他们看见他们那些纤毛摇动的形式各有不同，有的是钩来钩去的，有的是摇摇摆摆的，有的像大海中的波浪，有的像漏斗，但是他们的劳动都是许多纤毛集合在一起劳动的，他们是有统一运动方向的。

当时，他们的发言人对我大脑细胞代表团说：

"我们这一群纤毛细胞，世世代代都是住宿在这样的水面，有时也曾到其他动物身上去旅行，你们人类的大小肠就是我们的富丽堂皇的旅馆，而我们的国家则是这水界天下。

"当我们出外游行的时候，我们常看到许多动物体内都有和我们一模一样的纤毛细胞。

"你瞧，就是在你们人类的身体上，就有许多地方生长着和我们同样的纤毛细胞。

"像在你们的鼻房里，你们的咽喉关里，你们的气管道上，你们的支气管道上，你们的泪管道上，你们的泪房里，你们的生殖道上，你们的尿道上，你们的输卵管道上，你们的输精管道上，甚至你们的耳道上，甚至你们的脑房里和脊髓道上，都有纤毛细胞在守卫着，像守卫着国土一样。

"他们的工作是输送外物出境，从卵巢到子宫，卵的输送，以及从子宫到输卵管，精虫的护送，也是他们的责任呀。

"他们这些纤毛细胞身上的纤毛，虽然是非常的渺小，但是由于他们的劳动是集体的合作，由于他们的方向是一致的，所以他们能够肩负起很重的担子，根据某生理学家的估计，在每一平方公分①的面积上面，他们能够举起336克重的东西。

"这些纤毛细胞还有一个最大的特色，那就是他们都是人体上的自由人民，他们的劳动是自立的，不受大脑的指挥，不受神经的管制。就是把他们和人体分离出来，他们还能够暂时维持他们纤毛的活动。

"但是好像处在反动统治时期高物价的压迫下，人民受尽了饥饿的苦难，这些纤毛细胞在高温度的压迫下，他们的纤毛也会变得僵硬而失去了作用。

---

① 1公分=1厘米。

"正如在反动统治的环境里面，许多人民不能生活下去，这些纤毛细胞在强度酸性的环境里面，也不能生存下去。"

我的大脑细胞代表团听完了这段话，就决定写一篇关于纤毛细胞的报告，并且把它的题目定作：《民主的纤毛细胞》。

细菌 与人

生物学者的抵抗观

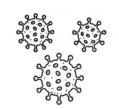

达尔文掀着白须笑道：

"地球上大大小小的生物，自'阿米巴'到人，哪一个没有对头没有冤家？哪一刻不受着那对头的威胁那冤家的压迫？只有不断地努力抗争，才能保持着生命。退却是死亡的咒语，退无可退，还是落入敌人之手，或跌进背后的深渊里去永远不得翻身了。

"你看那'阿米巴'和'草鞋虫'之类的单细胞动物，身子虽然小，敌人却认得的。他们的细胞对于外物除了可吃可消化的东西是在欢迎之列，其余的危险或无用的客货，不论是活物或是死物，一律都要驱逐出境。我们在显微镜下曾看到了'大肠杆菌'进攻'阿米巴'，'干草杆菌'和'霍乱弧菌'进攻草鞋虫。这就引起微生物界的恶战。'阿米巴'和'草鞋虫'是蚂蚁所瞧不起的，然而在细菌的心目中却是一块块的大肥肉，若是开始进攻，非吃这块大肥肉不可。在这里，细菌这小鬼是碰着阎王了。'阿米巴'和'草鞋虫'抱着抵抗到底的决心，它们细胞境内的细菌，终被肃清了。所以河水里若含有这些原虫儿，细菌的数量就大大地减少了。但它们若抵抗不力，细菌就会在胞浆内繁殖，那它们就有疾病死亡之祸了。

"据说也有人曾费了不少的时间专去研究'草鞋虫'的传染病哩。'草鞋虫'那么小，也会得着种种的传染病吗？这是不足为奇的。这至少告诉我们，抵抗和侵略是两种对立的势力，哪一方示弱、退却，哪一方就立刻受淘汰了，丝毫不爽的。在微生物如此，在大生物也这样。

"在多细胞动物，最简单的如淡水里的'水虫'之类，它们没有特别的食管，吃东西的法子也是由各细胞直接去消化。对于水里的外物，必须经过严格的选择，才收纳进去。如遇到危险分子的侵略，那它们似乎比'阿米巴'和'草鞋虫'还高明些，它们就有专门抗敌的细胞去奋勇杀敌了。

"'扁蠕虫'比较的更进步了。有了食道，能吃鹅血里的赤血轮。在它的肠壁上排列着许多阿米巴式的细胞，是抗敌的细胞。有了准备，它们的小敌人就不至毫无忌惮地进攻了。

"'水蚤'又进步了。它们的抗敌是生物斗争的一个好榜样。它们的身子是密封的，不易侵犯的。它们的仇敌，可怕的'单芽孢微虫'，时时混着食物进去，攻破它们的肠壁，攻入它们小身子的内部。可是，刚刚到了肠子，就来了一队游击的细胞，把这些恶微虫消灭。但，有时那游击细胞来得迟缓些，那就不好了。恶微虫势力顿时雄厚了，占有了根据地了，可以自由地节节进攻。那水蚤的全身就布满着恶微虫的军队，很快地死了。

"那游击细胞也可称为抗敌细胞。水蚤的经验又告诉我们，抗敌要早抗，要马上抗。迁延、苟安与侥幸的心理，都是失败之母。"

达尔文讲到这里，巴斯德也走来了，便插口说：

"用游击细胞来抗敌，真是一个自卫的好战术，在无脊动物也曾利用了这战术。无脊动物当中的昆虫，就大大地采用过这个了。昆虫之蛆多病，例如蚕虫就是一身多病的蛆。我曾费了两年的时间研究蚕的疫病。我的一个小徒弟，米达尔尼可夫先生，就是研究昆虫传染病的专家。他搜集了一大堆丰富的材料，个个都证实了昆虫的自卫战的胜利，也都靠着它们身子里面的那一群游击细胞啊。

"我又有一个小徒弟，米斯尼先生，是研究冷血动物传染病的专家。他告诉我们，冷血动物是绝对不怕'炭疽杆菌'的侵略的。原因也就为着它们身上有那些英勇的游击细胞，立时就给犯境的'炭疽杆菌'一场痛击，顷刻把它消灭完尽了。

"一到了高等的有脊动物，一到了热血动物，体内的组织复杂起来，抗敌的机构也更充实了，更来得厉害了。大的动物不去说，单说小鼠、小猪、小兔之类实验里玩熟了的动物吧。

"它们的身体内部都有着两种抗敌细胞。一种是多形核的小细胞；一种是单核的大细胞。前者好比常备的军队，到处巡逻；后者好比非常时期的武装民众、义勇军。这义勇军有的是游击队，散布全身腹地；有的是保卫团，驻守着自己的防地。所驻守的地带如脾、肝、淋巴腺等等，都是动物体内的要害、重镇。

"这两种抗敌的细胞，虽站在同一的战线上，而作战的方略却有些不同。在某一个器官、部位上，遇到某些敌兵，某种病菌来攻，是由多形核的小细胞去抵御。在另一个部位上，遇到另一批病菌来攻时，或许由单核的大细胞单独地抵抗。在大多数的情形之下，是由二者夹攻围剿。

"在这里，最堪注目的，就是单核的大细胞，武装的民众，并不处于次要的地位，有时它们还跑到最前线，最先去杀菌抗敌哩。

"而且，它们在抗敌之余，若遇见了已在小细胞包围中而未能消灭的病菌，它们就要连这小细胞和病菌一起都吞食尽了。

"多形核的小细胞若未能将在包围中的病菌消灭，则是反而庇护了病菌，隔绝了杀菌势力和病菌接触的机会，将来病菌破围而出，不是仍有很大危险的吗？

"所以抗敌的小细胞吞食了病菌，抗敌的大细胞又吞食了小细胞。这双重围困的战术，真是巧妙而安全的抵抗办法。

"这又指示我们武装的民众不但可以抗敌，而且可以铲除抵抗不力的军队，以及一切不抵抗反而助长了敌人势力的汉奸之徒。

"抵抗的准备，到了人体，算是最完全了。除了小细胞的抗敌军队和大细胞的武装民众而外，还有抗敌的技术军队，如抗菌体、抗毒素之类，而人身的各部器官、组织，处处都练有民团保甲，处处都伏着杀菌除毒的力量。我们的皮肤是那么的坚韧而有弹性；我们的口津是那么浓烈而有杀菌力；我们的喷嚏、咳嗽、啼哭都负着驱逐细菌的使命；我们的胃汁和胃肠里面所涌出来的'酵素'，是那么酸辣而能溶化外物。甚至于我们的泪珠、鼻涕也都能杀敌。

"据实验的报告，泪珠稀释到四万分之一，还能将某些细菌等完全化散了。

"人身自卫的实力是这样精细而周密，那么人为什么还会时时生病呢？那就是怪那头盖下的大脑，那人身的神经中枢，太愚蠢而畏怯了，没有抗敌的决心，没有抗敌的精神与训练，自暴自弃，糟蹋了自己的身体，才招引了病菌深入内地！

"各种抗敌的分子一经拆散就极微弱而不中用了。联合起来，团结起来，才能成为一群伟大的、强烈的斗争力量啊！

"自'阿米巴'到人，一切大大小小的生物，没有一个不抗敌。抗敌才能生存，而人的抵抗力最为完全，却被那糊涂的大脑弄僵了。"

发炎

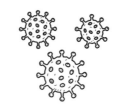

　　动物组织受到了外力的攻击而受伤，血液血球奔来救护，防免伤口的扩大，阻止外力的前进，乃至于歼灭外力。同时扫清积污绥垢，这时候，那局部的伤口，不断地发热发肿发痛，这是身体发炎的现象。

　　炎字原是火上加火，有以火攻火的神气。它是含有热烈抗战的意义啊。

　　发炎的作用是这样的严重。那么，我们再看发炎的过程如何。

　　在这儿，人身的发炎是一个很好的代表。人身原是一架绝妙的天然发炎机。

　　在医学上，这炎字是用惯了的，什么脑炎、脑膜炎、鼻炎、支气管炎、肺炎、扁桃腺炎、心内膜炎、肾脏炎、胃肠炎、盲肠炎乃至于最下级的尿道炎，如此等等的炎。真是人身哪一个组织，哪一个器官，受了外力的侵侮，而不会发炎？甚至于骨与骨之间，也会发生关节炎。虽然，炎字不要和病字相混了。医学上虽以炎名病，然而病是受害的现象，炎乃抵抗的进行。

发炎是动物体内的血军正在和外敌及一切腐化细胞的搏战。

在这儿，抗敌的主要机关是血管，和敌军作战最烈的，就是血液中来了一群又一群的游击细胞。它们的责任不但在杀敌，还须收拾战地上的残局，清除打死的细胞尸身及一切伤口里的腐物，以便于人体炎区的复兴建设。

有时身体虽受着外力的袭击，所中的伤是很轻微的，几乎瞧不见，然而也能引起热烈的发炎，这是抗敌军队的认真吧。

但在平常的动物身体，至少要有几个细胞被外力残杀了，才会引起发炎，引起抗敌军队的动员。

可是有时，身体受了内伤，细胞内部的新陈代谢作用发生了纠纷，在这种情形之下，抗敌的血军却没有什么动静。

又有时，由于生病或营养不足，或受着高压力，如肾盂水涨，不少的细胞都渐于无形之中被排挤而消灭了。这时候，体内也并没有发炎的消息。

直到了少数细胞受了暴力的摧残而死于非命，它们的尸身凝结而腐臭了，或有外物闯入，活的如细菌之群，死的如毒汁之流，无端取闹，到处行凶，这些含有危险性的烂东西，一刻占据人身的组织，都是抗敌的血军所看不惯，那它们不论远近，就要立时赶来吞灭这些可鄙又可恶的坏东西。于是那块不幸的区域，就如火如荼地大发其炎了。

发炎的开始，那受伤的地带，先浮起一朵红云，这是血液涌来的表现。

这若在兔子的耳皮上发生，那儿的皮肤甚薄，血管甚显，就是我们的肉眼也可以隐约看出发炎的演变，若拿青蛙的舌头、蝙蝠的翅膀，放在显微镜下细看，这血军抗敌的经过，表现得更其清清楚楚了。

当时心房早已接到前方的警报，急派大军出发。静脉动脉的血管都一齐扩大了。血液如风起潮涌一般迅速地赶到，使得当地本来紧缩的小血管忽然一一膨胀了。那受伤口的皮肤，血管的周围，全发红了。

这时候若刺它一针，一定可以一针见血，而且会自由地涌出，这是因为微血管里的血已经拥挤不堪了。

这种局势会很快地伸张，会向着伤口的四面蔓延。

这时候，我们摸一摸那伤口的部位，就觉着热烫。这是因为体内心窝里的热血，飞快地、连续不停地狂奔而过，没有一点受冷着凉而使温度减退的机会。这可见，血军巡回地奔驰杀敌，那情势是热烈不可当啊！

过了一会儿，那伤位就肿起来了，那皮肤就拉紧了。用手指一按，就会容易地留下一个指印，而且那动物也许会感到疼痛而突然退却了。痛就是组织的吃亏，神经的受难，抗敌战中一种严重的示威、警告。

过了两三天，血管逐渐收缩了，受伤的区域还有点红，是有些紫意的暗红，热减退了，血军的行动也稍慢些，似乎在复员，肿也于无形之中消失了。

十天至十二天之后，这才全部恢复原状，而以最先受伤的地点为最后复原。可是，同时，那伤痕上就起了一层皮，是皮肤表面的外皮细胞脱落了。

但，不久，血液的循环游行，也完全返了常态，脱落的外皮也修补好了，发炎的过程便宣告终止。

于此可见，发炎的使命是人身自力的救伤，要收复失去的组织，灭尽外敌，扫清腐烂的分子，然后身体才能脱离病院，走上健康的大道。

这上面所讲，还是就发炎的皮相外观所得而谈。至于血军在发炎期间的战绩，却要用精制的显微镜才能知道。

在显微镜下，我们可以看到血军的狂奔。它们是听到了敌兵犯境的警讯，群向伤区四面的血管里集中。一个个伸长胞浆的伪足，望着血管壁间的小孔冲出，冲到了伤区四周的组织，就将敌兵密密地包围。

这里集中待命的血军，大多数都是"多形核"的白血球，那些英勇的游击细胞，在血的洪流中，除了红血球外，要算它们的群众为最多了。

这些白血球军队的移动，是整个发炎运动进行中最紧要的步骤。

同时，负有滋养体力的使命的红血球也有的被挤出管外，于是

血的流液也渗透出来了。

血的流液渗透出来愈多，那块伤区的组织就被鼓起来了，成为水肿的现象。

假使伤势太重了，通达伤区的血管会完全阻塞，白血球军队的运送因而不得前进了。除此之外，血球的流奔，有时或许很慢，而新血仍是源源而来，伤区的组织并无绝粮的危险啊。

在这时候，我们的白血球正在伤区巡游，准备着厮杀。它们一和细菌之类的恶敌碰头，立刻就上前肉搏，把对方围剿而吞灭了。

可恶的细菌，有时会放出毒汁，阻止血军的进迫。有时血军的进行须踏过已死细胞的尸身，受伤组织的残体，那里氧气的供给非常缺乏，它们是感到窒息的威胁了。

在这些不顺利的情形之下，血军仍然不顾一切地奋力抗战到底。动物的生命一天活着，它们一天在杀敌，终于战胜了细菌，扫清了体内含有危险性的腐败组织。

这以后就是收拾余烬，复兴灾区的工作了。

在这里，一切细胞的尸身，一切组织的腐体，一切战争所遗留下的残物，又是统统由白血球，它们不辞劳苦的士兵，去吞食，去消化，化成粉末，化成水汁，送到"淋巴腺"里去，再经淋巴细胞的溶化工作，就完全消灭完了。

扩大抵抗运动

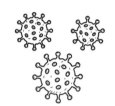

　　大自然很慷慨地赐给我们每人一条生命。这虽不是直接的赠送，而是有计划地，曲折地，由一颗原始细胞一代一代传下来的；然而这生命的动力原是一样的呵。

　　然而不幸，大自然忘记了一宗大事了。他没有把地盘和食料分配平均，交代清楚，就悄悄地退回他的宝座，静观一切的变化。于是世间就有攘争抢夺之事了。这实在是他的一个大遗憾。

　　于是他又想出个法子来弥补。就于每条生命身上，装置了一架小小的自卫机。这自卫机可以进化，也可以萎缩，随着环境而演变。

　　这自卫机的花样可真多。有的是逃避，有的是抵抗。

　　逃避的法子：如见了敌人，就提起腿没命地飞跑，如假死，如静伏不动，如躲在黑暗的角落里，如化装，如披上保护色，如蹿入地穴之类，都是要快，要灵巧，要遮蔽了敌人的耳目，要能逃出了敌人势力范围。

抵抗的法子：有的是消极，有的是积极。

消极的抵抗：如藏身在坚硬的甲壳里面，如把身子蜷在一起，如身上穿着粗皮利刺，如放出难堪的臭气之类，都是使敌人不能接近，不易进攻。

逃避与消极的抵抗都只适用于弱小生物。大的动物就非积极的抵抗不可。如狗的牙、猫的爪、马的蹄、羊的角之类，都早就有些准备了。

大的动物有时又晓得用群力来抵抗敌人了。这一点，我就很佩服斑马之类的高见。一群斑马在荒山漫游，陡然地遇见一只大老虎。它们就立刻围成一个大圆圈，一双双的后腿都向外奔，一齐拼命地乱踢，踢得那老虎无法走近，也就垂头丧气地走开了。

到了人，那自卫的机能更其体面了。这里大自然又特别地多送给他一份重重皱皱的大脑，使他自己去发挥抵抗的本能。

然而这里大自然却不肯把抵抗的秘密告诉了他，还让他自己去发现、开掘、剖析、试验，而实行。这就是所谓科学的方法。

关于人身的抵抗力，科学已有详细的扩大的办法，而且细菌学者等还在努力，时时补充，使其完善。

打针的秘密

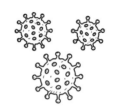

　　据卫生机关最近的报告，上海在这两个月之间，已有35万人打过霍乱预防针了。现在已到了7月的中旬，还没有发生霍乱的案子。这总算有一部分是打针之功吧。那么，今年霍乱年的名目将可以打消了。可见人类的努力奋斗很可以战胜自然界的恶势力。这五年一度的虎疫老把戏也无须再演了。

　　　　虎疫呀，请你莫再来到人间。
　　　　这儿不是你再留恋的大门口。
　　　　这儿有我们的针尖，
　　　　正对着你单细胞的胸口。

　　然而这打针的勾当，在大众的大脑里，还是一个闷葫芦。现在至少有以上这一大批的人群已眼见过它的样子了。我借这机会来谈一下打针是怎么一回事吧。

不过，我这里所要谈的并不是详细的实验指导，而是医生所守为秘密，而民众所必须知道的常识。

打针，不论打的什么针，都有四件大事应当注意：

一是器械的消毒。不消毒或消毒不精到，就有把病菌打进身体的危险。

二是手续的敏捷。不敏捷是延长了细菌的散播时间，又给它造成了更多侵略的机会。

三是药品的选择。药品是有新旧之分，精粗浓淡之别。这虽是医生的事，然而病家知道了这些门槛，也不致再受庸俗的医商药商之骗了。

四是效率的鉴定。打针的功用，有的是治疗，有的是预防；有的是自动免疫，有的是被动免疫。打针的对象，有的是抗菌，有的是抗毒；又有的含有麻醉性，是有止痛、催眠之功的；又有的带有滋补性，是有强心活血之能的。这些不同功用的药针，它们的效率是有急有缓，也有久有暂的呀。这些却是科学医生的研究事业了。

打针的机械，大小虽不同，模样儿都一般，可以拆分为三部。一为空心的针头，头端有小圆洞，可以插玻璃管的小嘴，尾端尖而直，可以刺皮肤。二为圆长的玻璃管，刻有容量的度数，上有大嘴可以容抽筒的出入，下有小嘴可以插进空心针的小圆洞里，而不易于无故地脱落。三为抽筒，金属或玻璃所制，筒之上半截是很如意的手柄，柄上挂有维系玻璃管的圈套。

这三者配合在一起，要不漏水不通风，而又能起落运转自如才行。这样地，两指间的摄力，就能渐渐地引抽筒上升，引着玻璃管外的溶液进来。大拇指的压力又会迫着它穿过针头的心空而向外奔射了。

这注射器的大小，是要看它的用途。如打小白鼠的肚皮，就得用1 CC（立方厘米）那么小。如抽大肥羊的颈静脉，又须用500 CC那么大，这有时是要用特制的注射器哩。

针头的大小，也要看它的用处。如打胖屁股的肉肌要用粗的，打瘦手臂的血管又须用细的了。

注射器的形式的描写已经是很啰唆了。好吧，赶快地拿去消毒吧！

不知道消毒的人是不会自己去胡乱地打针的了。所以最危险的还是那会打针而不肯彻底消毒，草率了事的庸医。

消毒最忌不彻底。细菌伏在那黑暗里，暗自侥幸地唱道：

"这一回却被我瞒过你了。你既没有把我全家灭尽，现在我的儿孙可要复仇了。只恨那吃大亏的是无辜的病人，你这犯了过失杀人罪的庸医，竟可逍遥地逃出法网。但是，你这马马虎虎的手术，我总有一次抓着你呵！"

没有消好毒的针，就等于蚊子的刺，臭虫的嘴。没有消好毒的手，无异乎细菌的铁蹄，寄生虫的车轮，都是于无形之中，大帮了这些矮而小的侵略者杀人害人的忙呀！

消毒的法子可真多。这里最适用的是蒸煮和酒精的浸洗二法兼用。

注射器，去了针头，提出抽筒，包以纱布，全体放在清水里煮开了五分钟，栖在那上面的细菌就尽烫死在热汤里了。然后才可以拿来用。

针头有时是受特别待遇了。它是会生锈的，所以要放在"一烷醇酒"里浸，比较的妥。不过，在用的当儿，还须用开水来冲洗两三次。不然一点一滴的遗留的酒精，到了皮肤里面，是会使那局部感觉一些麻木的难受呀。

在用过之后，那注射器又须全部洗涤，先用开水，次用酒精，最后用醚①，醚就是施行外科大手术时所用的一种麻醉剂，它是比酒精还容易发散的流体，这样不要怕麻烦地一次一次地换洗，就来得又净又干又体面了。下次再用的时候，就已有九分的安全了。

不过那针头，是万万不要直接用手动它呵，也不要使它碰着外界的器物，应守身如玉，是要用同时消毒过的小钳子来取它的。这自然又是因为手，总是欺人的东西吧。而那外界未经消毒过的器物，谁又能担保它不伏有危险的分子呢？

———————————

① 指乙醚。无色液体，易挥发，有特殊气味，极易燃烧。是用途很广的溶剂，医药上用作麻醉剂。

此外，在打针的进行之先，打针人的两手和受打人那一块皮肤的表面，都得用酒精勤谨地揩洗。这道理自然是明白的了。

然而有人就说了，这未免太费事了。然而费事比中毒或受传染，孰为轻重呢？其实，这打针的勾当，如果安排得当，在熟练的技手是用不上十分钟哩。

打针这勾当，如果太费时间，或一味地挨延，是有种种的弊病的。这就进我于第二步的说明：手续的敏捷了。

打针的第一个便利是在于能救急。服药的短处，是滞留不通，是走得不快。所以要赶运药力去抵抗攻身的大敌的，却取了打针之路。

例如人被毒蛇咬了，中了致命之毒，或因枪伤而须立刻止痛，那就等不及大医生的命令了，救命要紧，马上就当给他打一针蛇的抗毒素，或止痛的吗啡呵。

这一点上看来，打针这防身的利器，更是人人所必具的卫生常识了。一家庭一团体之内，有一个懂得打针的人，在没有医生的地方，在危急的毒症发生的时候，也可以自告奋勇地出来救济救济。何况打针又不是一件天大的难事。

打针的手术无须有大学问，只需手指头的灵动。尤其是皮下和肌肉的注射，聪明的人看人家打过一次就有些把握了。

首先是药液的吸进。锯开了那药液的瓶口，就将注射器的针端插入，从容地抽起抽筒，渐渐地引着药液上升，至预定的分量满足时为止。这时候，不要放外界的空气进来，管里如已有了小气泡，即须竖起注射器，使它针尖朝天，再运动抽筒，迫着那小气泡出去。

然后，用你的左食指和拇指，捏起那看好可以挨打的皮肤；用你的右手握着那预备好的注射器，扑的一下，用不着什么惊异的心理，就将那针尖一直向那轻松的皮肤的皮肤底下一送，就进去了。那受注射的人是决不会喊痛的。

这时候你就可以顺势，用你右拇指，推动那抽筒，使那药液尽射进皮肤下面而筒底碰壁了为止。

拔出了针之后，你若是十分谨慎，再在那伤口的上面，涂上一些碘汁，这皮下的注射就宣告成功了。

这是打针的一幕。说时迟，做时快，我已絮絮叨叨了这一阵，实际的手续，用不了几许的时分呀。

然而，只有这几许的时分，有些马虎的医生还不肯认真去做。细菌这空中的流氓，说不定哪一刻会落到那空心针上敲竹杠的。于是乎那注射的区域，就有发生脓肿溃烂的危险了。这在皮下的注射虽不常见，而在手续迟缓、紊乱，消毒不周到之时，随时都可以发生，没有什么绝对的保障的呵。

救急的打针，时间无疑是一大要素。往往是及早打针才有救，迟一步就无法挽回生命了。

在那里，打针的途径是有选择的。皮下的注射，还嫌它药性走得太慢。静脉的注射，趁着血的急流狂奔之势，血管又是那么周密的交通网，药性一走，顷刻间即可踏遍全身，是最快莫过的了，所以打抗毒救急的针，多取静脉之路，如白喉病者，能赶早地用静脉注射了白喉杆菌的抗毒素血清，如药量又是很充足的话，那有时是只需打了一针，病就完全有救了。

不过，静脉的注射是常人所不可轻易执行的。这里是必须有相当的生理和解剖的学识与经验，才是安全之道。此外，还有肌肉的注射，那它药性走行的速度，是在静脉之次了。

人菌争食之战

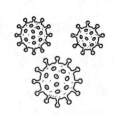

生物为着生存而食，为着食而斗争。

斗争一起，于是同类自相残杀，异类不断地侵略异类，于是强者越蛮横，弱者被淘汰了。

这儿以人类的对头为最多。人类不但同室操戈，他至今犹有三大恶敌，不时和他挑战。

有人兽之战，这儿是人类打了胜仗，把那一群野兽都赶入山林深处了。

有人虫之战，这儿是互有胜负，相持不下。如臭虫、蚊子、跳蚤、身虱之群至今还是很活跃。

有人菌之战，这儿是人类吃大亏了。毒菌之祸，有甚于猛兽害虫；它杀人之多，有过于历史上水旱刀兵地震的总和。直到最近六十年来，人类的科学战士，才开始有计划地反攻。

人类和细菌，这一大一小的生物，一个自命不凡，连猴子都看不起;一个拥有广大群众,连昆虫都不敢与比。这俩时起冲突,时时在暗斗,所争的也不过为了食的问题罢了。

人类和细菌的争食,是不宣而战,不问而吃,彼此都看不见对方的行动,都摸不清对方的用意。

人类正在大嚼特嚼,细菌也在慢斟浅酌,同吃一块食物,一方把它一口吞进去了,一方却不声不响地混在那里面,继续着吃了。

人是一些儿也不觉得,肚子里源源地来了一群又一群的小食客。一直到了肚子叫痛,身体发烧,头儿发昏,这才恐慌了。

细菌也是一些儿不觉得,直到了强烈的胃酸浸透了它的"隔膜",拥挤的肠腔闷杀了它的胞心,这才有些焦急了。

在这样的争食情形之下,双方都只好信赖着自然的斗争力量了。在这里,是细菌占了上风。

它的生活简单,行动轻便,生殖飞快,更有那猛烈的毒素;人类却不知自爱,不知滋养元气,保全实力。所以争食的结果,往往是细菌得胜,人类病的病,死的死,大煞风景了。

争食争得这样凶,人类还不知道它的对头是细菌,而发出种种无理由的啰唆,说什么鬼,什么风,什么五行的相克之类脚不踏实地的鬼话。

幸亏科学先生的本事高强,17世纪出了荷兰的列文虎克,发现了微生物;18世纪出了意大利的斯巴兰让尼,首先打破了"自然发生说";19世纪出了法国的巴斯德,阐明了细菌和疾病的关系。20

世纪的人才更多，他们都和细菌大闹了一场，从此这小怪物的秘密渐渐浅露于人间了，传染病也一一失去它的神秘性了。我方既得到了细菌进攻的情报，就好研究对策，可以转败为胜了。

所以今日人菌之战，是人类占了优势，我们的战术日益精良，反攻胜利，这刁滑丑恶的倭菌有被消灭之望了。

然而，现世界人菌之战，若徒靠着少数科学将士的奋战，那力量仍是太薄弱了。我们要动员十七万万全体人类参战。我们目前的要务是对于战地上情形的认识，尤其是食物这战品。

人类的肚肠真是古往今来他和细菌交战的第一号大战场。这战场似乎又是一条长长弯弯曲曲的运粮河。那么，食物在平时便是商船，运来不少的客货，客货里不免夹着态度不明的细菌，那些通常的商人旅客，它们的数量若不很多，那是没有什么危险性的。在非常时期食船就变成军舰，载来了凶恶狰狞的病菌。押着毒货，那不久就要发生战事了。

婴儿呱呱坠地之时，他的小口是无菌口，那条战河是平静无事的。吃了母乳，就来了酸溜溜的"乳酸杆菌"，这是善良的细菌，能帮人守护肠子。吃了菜汁米粥，就来了发酵的"丝菌"、"酵母菌"及其他杂色的细菌，这也无妨。吃了大鱼大肉，就来了大肠属的"杆菌"及其他爱吃血和肉的细菌，这就有些危险了。不小心而吃了苍蝇脚下踏过的东西，这就真的不得了，有发生"婴儿痢疾"的恐怖了，这混进来的却是那一批专门谋害小儿性命的恶菌了。

大人怎样？不讲卫生的大人，他的胃汁即使十分强，他的吃法有时是太乱七八糟了，什么生冷隔塞的食品只管向口里塞，姑不说霍乱、伤寒、赤痢，这三大队毒菌兵马的可怕，就是"肠炎杆菌""腊肠毒细菌"之类的"食物毒细菌"的来攻，也够他肚子受罪的了。

所以，在这人菌大战的当儿，危机四伏，我们这条运粮河要戒备，口禁要森严，来往食船要盘问检查，不要随随便便地吃呀！

我们怎样地检查食船呢！

这我们对于食物的来路，过程，就当加以严密的注意。

细菌和人所争的食物，也就是其他生物的尸身。它们在活着的时候，不是植物，便是动物，都是从农村来的东西。

农村的土壤和粪园又是细菌的第一家乡。

好了，那些食物它总不免要先尝一下了，有什么客气呢？

是青菜水果吧。那就有灰尘来栖，昆虫来啮，人手来摸，这些家伙都送来不少的细菌群，赠予那些果皮面上。使那菜叶是又皱又软，使那果皮是又黏又湿，都是细菌留恋的好地方呵。

据说，蒲菜每一克重，含菌的总量达250000；玉蜀黍每一粒粟，含菌之数高至135000，有这样多的菌种在迅速地繁殖着，到了我们的厨房里，就大有可观了。

然而，这究竟不妨事，还可以洗。虽然，洗之道也须讲究，若用不大干净的冷水洗，反而细菌越洗越多了，所以，至少在最后的一次要痛快地用开过的水洗它一场，洗之后又须揩得干干，不干的地方，这小东西又会飞快地蔓延起来了。

大鱼大肉怎样呢？那它们传染病的机会是更多了。动物的肉，在它活着的时候，若没有病痛，应该是无菌，但它一死，细菌就立刻分着数路来攻了。它的皮肤是有多方面的接触。它的胃肠又早已驻扎了无数万细菌的军队了。它从乡村到了小菜场，从屠宰所到了肉店，最后都到了厨房，在这曲折迂回的途中，不知受了多少人手、苍蝇和器物的沾染，不知遭了多少次细菌的拦路打劫。所以在未到热锅里以前，鱼肉上的细菌，是盛极一时了。

然而，细菌这小子在新到任的时期，都只在鱼肉菜叶的表面鬼鬼祟祟地游行，这时候那些食物仍呈现着健康的色味。厨子就拿去给他东家看，东家闻了一下，也说："这块肉果然还新鲜。"哪知道这新鲜是有绝短的时间性呀！

不久，这些在外头逡巡的细菌就要侵入食物的内部了。这是必然的。这在植物，就由它的枝叶上的呼吸孔进去，在动物，就由皮肤和黏膜进去，节节攻陷一层层的组织、器官。而人眼看不见这些活动，直到酸了臭了已经溃烂不堪了才发觉。然而没有酸或臭的东西，并非绝对没有病菌的存在呀，这有时是因为食物虽有了病菌还未到量变质的阶段呀！

所以，在今日，我们对于食物原料的卫生，有四件事是应该加以严密的注意的。哪四件？

（一）食物自乡村出发的时候，含有多少细菌？哪几种？

（二）到了小菜场、肉店之后，又有哪几种细菌来参加？

（三）将坏和已坏的食物，又是什么细菌在那里作怪？

（四）怎样保藏食物，施以卫生管理，使它在未到人口之前一路上太平？

这四件事是要卫生当局、细菌学者、兽医、主妇及一切负有食物的责任的人，一致通力合作呵。

这一关一关的检查防护，有病菌嫌疑的，即不许放行，使病菌不得随便进吾口或深入吾内地，然后，这人菌争食之战，在人的方面，至少可以免去几分的危险了。

作家与活力素

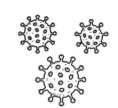

上海文艺家协会和著作人协会相继成立了。

这是笔杆子的大团结。

这团结，想起来，有些像厨子饭司务的大同盟。做文章本来很像煮菜。一样的原料，在陌生人的手里会做出太咸、太酸或淡而无味的菜。在老练的作家手腕下，油盐醋酱、辣椒葱蒜，都能用得适当，无须再加味精，就很可口了。

在现今救亡的厨房里，我们文化厨子所煮的菜，应不再是给贵人阔佬去咀嚼，使他们的已经周转不灵的胖体又添上了几磅的脂肪，而是要给被压迫剥削的穷苦大众吃，使他们疲弱的身子不至于再消瘦下去，而能积极地崛强起来。

贵人阔佬吃的是菜味菜精。他们爱好着美丽的装潢，幽默的点缀。

大众只希望肚皮饱，营养足，已是很难了。他们对于美丽，对于幽默，虽也喜欢，然而哪敢妄想呢？他们所切身需要的，还是内容的充实。这里，营养足似乎比肚皮饱更千难万难了。

肚皮饱，未必营养就足。肚皮饱在于吃得多就可以了。吃得多又须提防不消化。都消化了，才可以讨论各种养分是否都有了，也都够了。在这都有都够之中，还有一种小小而非常重要的成分，看来似无用，缺去又不行，但常常被人所忽略而遗忘了，迟迟地才被科学先生发现出来，而它的真正面目至今还是有些模糊不清，那就是我们的活力素①，那就是——我们做大众的厨子，所应当注意的活力素呵！

一切人类可以吃的东西，经过化学的分析，多少总须含有下列六种成分中之一二吧。活力素也就是其中的一种。可吃的东西是有条件的，就是在进口之后，须能积极参加人身的建设，或是投资，或是出力，绝不是白走进来在肚子里挤来挤去看热闹的，更不是行凶使毒的那一帮。在我们的食道上，虽时常发现了那些无业的浪人和捣乱的匪徒，那它只有废物毒物的罪名，是不配称作食物哩。

配称作食物的东西，一定有这六种成分的代表在内。这六种对于人身都有莫大的贡献，是符合了可吃的资格了。这六种成分是什么？

第一名是蛋白质。它的贡献是学者式，是人身组织的中坚。

① 这里的"活力素"指维生素。

第二名是糖质。又叫作碳水化合物，因为它的内容是碳和水的结合。它的贡献是劳力式。人身的出汗发热，全是它劳动的表现。

第三名是脂肪质。它的贡献是政客式，那些油头滑脑的政客，是容不得过多了，过多就有虚胖症的危险，甚而至于中风。然而太少了又会发生大闭结的恐慌呀。

第四名是水。它的贡献是商人式。把人身的蓄积运来这里，运去那里。不过它虽也从中取利，却没有一般商人的那么厚。你看它入口时清清淡淡，或押送着一批食货进去；出口时也只载着尿酸尿素之类的薄利，在汗和尿的洪流中走了。偶尔挟着血丝糖粉出来，那也只是例外。何况它还有解毒止渴的功劳，这比那些只图牟利的商人又清高多了。

第五名是盐类。它的贡献是技术式。如铁是造血的专家；钙是制骨的专家；磷是大脑、神经、奶汁、骨骼等的建筑师；碘是清血的工程师，可以预防"甲状腺"的肿大。其他如钠、钾、镁等也各有专长。

第六名就是寥若晨星，数量极少的活力素了。它的贡献可以说是作家式吧。一国之内，有几多人能安坐着写文章呢？因此人数也就很稀少了，而且他们的生活也和活力素一样的清寒。

然而这俩的任务也仿佛相似：一个是管束着人身生长的机能；一个是监督着国家社会进展的程序。

在过去，活力素和作家之流，是给一般有生活奢望的人所看不在眼的。就是其余的五种成分之中，有的如碳水化合物和劳力的工农也是在他们所鄙视之列。至于摩登少爷与女郎，食物中的香料甜酱；武人军阀，食物中的辣椒芥末；阔佬贵人，食物中的老酒绍兴，对于人身未必有什么好处，却会引起一般人的瞪眼、羡慕。到了汉奸、傀儡、卖国贼，那是鸦片、吗啡、红丸，不足道了。然而，活力素是被认为人体的小点缀，作家文人是被认为国家的小摆设了。

然而现代科学进步，文化发达了。现在西洋人都讲究吃活力素了。这是因为他们发现了活力素是一种生活机能的激动力，是日常食物中必不可少的东西，为量虽少，为质甚强，发挥起来，影响及于全身，没有它，或缺少它，人就会生出种种营养不足的毛病来，有时还有性命的危险哩。

吃了充分的活力素，人的身体才能达到均衡的发展。它还能增进人体的抵抗力，这是我们所尤当注意的。它不仅能防御营养不足的病症，还能协助白血球及抗体等抵抗传染病的大敌。

它的抗敌，不是正面的对仗，而是在后方不断地刺激血液、组织及内分泌等，使人的身体自卫的机能自然地亢进。

有些人的身体，看去满肥大壮硕，似乎没有什么营养不足的迹象，对于病菌的进攻，却往往抵抗不住，这有一部分的原因，就是为了那活力素虽有而还不十分充足，营养的条件是勉强可以应付了，病菌的制止，那实力仍然是不够的。

生理学者的视线，是早已集中于营养不足的问题了。他们就在各种食物里发现了活力素和它的抗病作用。所抗的净是那些不知原因的神秘病,既没病菌的作祟,又没有毒品的伤害,单为了食物里缺去了某种养分而发生。于是这一类的神秘病就有了一个统一的病名,叫作营养不足病;这一类的养分虽极稀微,而为生命不可缺的一种动力,因此科学的名词才称它作活力素,也就是医药广告上所常见的"维他命"①了。这"维他命"是从西文的译音,在字义上倒也不很差。

医药广告上不也曾写什么甲种、乙种的维他命吗?这是给我们知道了维他命也有好些种呀!

不错,主要的活力素,据科学先生所能明确地证实的,已有甲、乙、丙、丁、戊五种,其余的尚在侦察试验之中。

这五种,个个都有抗病的精神与实力。它们也是以抗战著名而被科学先生所发现了。

甲种活力素,抗的是眼膜干皱的病。眼膜若过干,就失去了原有的光泽,而呈出皮肤的样子,使细菌易于进攻,结果目光渐渐模糊了,且有变成瞎子的危险呀。这都怪甲种活力素的缺乏。

这甲种活力素是藏于吃草动物的脂肪内,牛奶里也很丰富,而以鱼肝油中所含为最多。它本不怕热力的烧煮,但热锅里面如放空气流进去,它就要被消灭了。所以牛奶在烧煮的时候,如果瓶口封

---

① 现译维生素。

得很密，则病菌皆已杀尽，它可以不受影响。

不久之前，人还以甲种活力素是激进发育的因素。现在我们知道这是不尽然的。发育的激进未必专靠它。然而它若缺席，眼膜就会干化，这是不可不当心的呵！

乙种活力素，抗的是脚气病，是一种神经炎的病。肌肉变成那硬挺挺的没有弹性而渐萎缩了，神经疼痛，全身得了轻性的麻痹，有时候大腿也会浮肿了。这是军营、监狱、轮船上所常见的病，尤其是在远东一带吃白米的国家。白米制得愈精细，则乙种活力素通通走光了。

乙种活力素，是藏于一切壳类食物里，一切植物种子里，如豌豆、蚕豆、花生、果仁乃至于酵母里都有它。它是伏于这些种子的糠和胚里。它虽不怕热，也不怕干，也不怕长时间的烧煮，可是，一经人工的磨炼就辗转而散失了。

丙种活力素，是抗坏血病。这病是虚弱、贫血、浮肿、软绵绵的无力，有时候牙龈也会溃疡，皮肤和黏膜也会出血。而以海行的人这症为最常见。海行的人很难吃到新鲜的青菜与水果，而丙种活力素都伏于青菜与水果里，尤以柠檬、橘子、番茄里最多。新鲜的牛奶里也含有不少。然而煮熟了或晒干了就不中用了。这丙种活力素是顶怕热与干的呀！所以婴儿若吃代乳粉度日，还须佐以橘子汁、葡萄汁之类。不然小小的身子就会虚弱贫血不堪呀。

丁种活力素，是抗佝偻病。这病就是小儿软骨病。软骨太多，硬骨太少，身体的重量，骨的架子支持不起，于是就两腿弯弯，身躯不正了。

这软骨病的原因，是由于三缺：一缺日光；二缺丁种活力素；三缺钙与磷。这三者都有联系的。母黄牛若多在日光下散步，它的奶自然含有丁种活力素，也含有钙和磷。小牛小儿吃了绝不会软骨病。此外，奶酪、奶油和鱼肝油等，也都含有这活力素。其实，丁种活力素虽另有它的作用，而它的来源和性质都与甲种活力素相似。

戊种活力素是马丁夫人及一般节制生育主义者所不喜欢的。它是会抵抗不能生育病。这一来又使马丁夫人所最欢迎的，然而人若常吃蛋黄兽肝之类含有戊种活力素的东西，这一来又使马丁夫人失望了。

这些营养不足的毛病，都给活力素一一打倒了。

细菌学者的目光却移转在抵抗传染病的问题上。活力素还有抵抗传染病的力量咧！营养不足病不过是人身的内忧；传染病乃是人身的外患。人身倘若缺少甲种活力素，则皮肤及黏膜皆逐渐萎缩而不能抵抗。于是对于炭疽杆菌的进攻皮肤，伤寒杆菌的进攻黏膜，都无法应付了。

但如常吃鱼肝油之类的东西，皮肤和黏膜都渐有起色，连长时期的肺痨病也可以减轻了。

这些都是实验的事实。其余各种的活力素如何，正在细菌学者不断地研究之中。

作家们，你们是民族的鱼肝油吗？你们是国家的活力素吗？

文化的厨子们，你们就不愿意承认这些人家起的名目，也得看着大众日渐瘦小枯干的面孔上，在你们的作品中多加点活力素呵！

科学先生对于衣服的意见

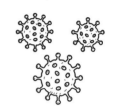

　　正如对于国防问题的各立门户，中国各实力派对于衣服，这身防的问题，也没有统一的论调。我知道中国的大众，尤其是妇女大众，对于这一件切身的问题，已经纳闷了好久。大众的心理好像湖水一般，后浪逐着前浪的起落而进退。我以为我们不要顾虑着前浪的扑跌，应永远地向着那真理的岸上打去！

　　真理的岸上立着科学的灯塔。于是，有一回，我特地为了这衣服的问题，去拜访那灯塔里的主人。

　　科学灯塔的主人是一位老翁，据说年纪已经有五六百岁了，他的母亲在希腊全盛时代已经怀上了他，直到欧洲文艺复兴时代，这才诞生下来的。

　　这天，他闻我不怕风浪，远道而来求教，就派了他大儿子培根带领其他有关系的科学先生们出来接见。

　　我先述明来意。培根先生伸出了四个指头说教：

"权威的信赖要不得；习惯的固执要不得；群众的附和要不得；虚骄的成见要不得。这四要不得都革除了，才能养成科学的精神，所以我们的灯塔常放光明。能这样的探究，你们的衣服才有真实的标准呵。"

在座有一位科学先生，操着进化论者的口调接着说：

"衣服是人工的皮肤毛发；皮肤毛发是天然的衣服，生物之不知自制衣服者，统统由大自然代办。就是细胞也有胞衣。虽然也有裸体的细胞，如微生物界中的'放射虫'等。还有那小到绝顶的'超显微镜的生物'，大家也相信它只有胞浆，没有胞衣。这也许是因为它们寿命太短，生活太忙，所以来不及穿好衣服吧。

"其他的单细胞生物多少总有一层或厚或薄的胞衣胞膜。就是那十分淘气的细菌，有时也披上特制的油衣，叫作'荚膜'。

"胞衣胞膜是由胞浆里所分泌出来没有生气的东西，却有防卫细胞的能力。动物细胞是爱冶游的，非常不安定，它的胞膜也格外轻而薄，虽然也有笨重的，如指甲和足爪，是角质造的；如软骨和牙齿，是石灰质造的，却都是另有作用的。植物细胞，行动多不能自主，容易受外力的攻击，它的胞衣也特别粗厚而坚实。由青苔海藻乃至于大树上的根干枝叶，都是由那顽固而死板的'纤维素'造成的。

"谈起多细胞的动物，这天然的衣服真是形形色色，洋洋乎大观。海绵的衣服是著名的吸水而不透水的。珊瑚的衣服会像石头般的坚硬。星鱼、海蜇的衣服是那样的畸形而浮肿。扁虫、圆虫、环虫之类的蠕形动物，它们的衣服都是那么软绵绵的没有抵抗力。这是怪它们多寄生于人畜体内，那儿是够温暖而舒服了，用不着穿什么好的衣服哩。然而如蚯蚓，它的衣服就有弹性，所以能在土中钻营。蛤蚌蜗螺之类，也是软弱而无力，大自然看它们太可怜了，特地为它们制了两套新装：一套是可以开合的双壳，一套是螺形的单壳，可以避风雨，可以防敌人。

"到了节足动物，这天然的衣服更其坚实而体面了，多是角质所制。龙虾螃蟹的壳是不易毁损的。就是臭虫跳虱也难以压死。它们都是短小精悍，有尚武的精神。

"蚕的蛾和蚕自己都是那么温文儒雅，然而它所吐出的丝本可以网成自己的衣服，巩固自己的地位，不幸却为人所利用了。

"蝴蝶的翅膀是艳丽无比的。它这一类的昆虫是时有新装表演的，这可以说它们是在讲漂亮出风头吗？其实，它们若不这样，没有保护色，生活就没有保障了。

"到了脊椎动物了。它们这一群都是很有些名声和架子的生物呵。它们天然的衣服自然也特别讲究了。大鱼小鱼在水中滑惯了，所以它们的一瓣一瓣的鳞衣都是很滑的，所以容易漏网逃生。癞虾蟆①犹承着滑之余风。蛇就略为不同了，它是为钻地洞的，所以蛇衣

---

① 今称"蛤蟆"。

须坚硬而兼圆滑。龟鳖之属大约是怕大动物要拿它们寻开心，就穿上一件带点古色的护身的坚甲了。鸟要高飞在天空，就披上各种各色飘逸的羽衣，那是最轻松而又温暖的衣服。兽，尤其是蛮荒的野兽，不是厚皮，就是粗毛，冬天可以御寒，夏天可以防热。北极的白熊在冰天雪地之间，还破冰寻鱼，不怕冷风，大自然是赐给它一件特厚的毛衣了。然而猫儿在冬天为什么那样瑟缩缩地怕冷呢？那一定是被人类所娇养惯了。

"被人类所娇养的生物，——都失去了它自然的能力。人类自己也受了聪明之累，淘汰了原有的毛发，养成了对于衣服的依赖性了。

"衣服的宗旨是要和环境的恶势力对抗的。人类因嫌阳光之太烈，就摘树叶以遮身；因怯北风之太凛，又剖兽皮以盖体。这是人工衣服的起源。它原是要解放人身受着寒与热的压迫的苦痛哩。不幸，经过时代的变迁，民俗的浸润，为礼教所操纵，衣料渐渐成为束缚人身自由的桎梏了。这在今日衣服所以是社会上的一个复杂的难题，时时为投机者所利用了。"

他哩哩啦啦地讲了这一大套。又有一位科学先生，抱着物理学者的态度，接着就说：

"我对于衣服的问题有几种简单的意见。在这大热天，我们痛恨的是太阳的热光，太阳在地面传热的强弱，有三种因素：

"第一传热的因素是色。蓝色的屋瓦在阳光底下，我们觉着非常热气逼人。反之，白色的粉墙虽经烈日的照耀，摸它一下，还有三分凉。一样的受热，黑的收容，白的拒绝。所以白色的衣服在夏天，真比黑衫黑裤凉爽多了。这是很显明的。

"第二传热的因素是物体的本质。如金属在烈日之下，顷刻就热烫了，如砖块就热得慢些儿，这是因为它的质地比较轻发，在空隙中又掺有干燥的空气。干的空气是不易传热的。毛织品比丝织品松，丝织品又比棉织品和麻织品松，传热的程度是一个不如一个了。

"第三传热的因素是看物体的表面。表面粗糙的会吸收热力。反之，光滑滑的明亮的表面就会把大部分的热与光反射走了。"

总结一下，光松白是比粗密黑不易传热多了。

"然而衣服在身上，是一方面吸收着皮肤所发出的热气；另一方面收留了日光和空气的热。

"它若能抵住外热的进攻，也一定会阻止内热的向外发泄。这所以白色的衣服在夏天较凉，在冬天又较暖了。所以在冬天穿白衬衫合宜。

"在传热而外，关于衣服卫生的问题，还当注意的一点，就是湿气，湿气过多是会阻止汗的自然蒸发而妨碍了人身管束体温的机能。在这里，以毛织品最为知趣，它随时都会吸收水汽，着了它，流汗之后就不致受冷了。棉织品虽薄而凉，然而在大汗淋漓之时，会浑身通湿，使皮肤觉着格外难受，且有着凉得病的危险哩。"

这时候，座中有一位比较年轻的科学先生插进去说：

"是呀！湿气还是细菌最爱好的东西。它就伏在那湿气里面，冷不及防地攻陷人的皮肤，于是那个人就会发生皮肤病了。"

他讲完了，大家沉寂了一会儿。从塔顶的实验室里，一步一步地走下了我们的科学老人。他点一点头对我说：

"诸位专家的意见，你都听懂了吗？衣服本以自卫，抵抗外力的压迫，不是用来束缚人身的自由。我们要革除以往附和盲从的习性。只要能抗日，能保暖，能流通空气，能蒸发湿气，合乎这些科学的原则，其余的却可以通融办理。一切的时髦装饰，反使身体受累，如高跟鞋、尖头鞋、束腰、束胸、太长的领袖、太紧的领带，如此等等，乃至于旧时代的三寸金莲。

"都在必须解放之列……"

健康与生活

漫谈粗粮和细粮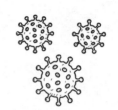

在一次营养座谈会上，我们讨论粗粮和细粮的问题，在座的有好多位伙食委员、经济专家、营养专家等。现在我把我们座谈的内容总结如下：

首先，我们谈到主食和副食的关系。

我们的伙食都是以粮食为主的，所有的粮食，如米饭、馒头、窝头、烙饼等，都是主食。所有的小菜，如青菜、豆腐、鱼、虾、肉、蛋以及水果等，都是副食。

我国广大人民过去由于生活困难，在伙食方面养成了一种习惯，就是只注意主食而不注意副食，只注意吃饭而不注意吃菜，人们把大部分伙食费都花在主食方面。有许多单位和家庭把百分之八十的伙食费都花在主食方面，只有很少一部分花在副食方面。

到了中华人民共和国成立以后，因为国民经济状况逐步好转了，大家都富裕了一些，都想吃得好些，可是很多人就不想在副食上多花些钱，而光是想把粗粮换成细粮。有好些学校、机关、团体负责伙食的同志们，也犯了这个毛病，他们把大部分的伙食费买了白米、白面，结果副食费就很少了，不够补偿白米、白面的缺点，使大家不能得到所需要的营养。这样就使得好些人从前在伙食不好的时候还不常患什么营养缺乏病，这时候吃得"好"了，倒反而患病了。

为了满足我们身体对营养的需要，我们应当多增加些副食。白米、白面的绝大部分，在化学上说来，是碳水化合物（白面中还有一部分蛋白质），它所起的作用，主要是供给我们身体的热和能。副食除了有主食的这种作用以外，还供给我们身体所需要的其他营养成分。

但是为了要普遍满足广大人民对副食的需要，我们还必须促使国民经济进一步发展，这里包括发展工业来推动农业的机械化和大量兴修水利工程以及发展畜牧业和渔业。在目前的经济情况下，要改进广大人民的营养条件，除了适当地增加副食以外，还必须在主食方面解决一部分问题。这就是：调剂主食，把主食的种类增多，吃细粮，也吃粗粮。

其次，我们谈到粗粮和细粮的区别。

细粮是指白米、白面，粗粮是指一般杂粮，这里面有：小米、高粱米、玉米、杂和面儿、黑面、荞麦面等。

各种谷类的蛋白质成分各不相同，因此，它们的营养价值也不相同。这是因为，蛋白质是由各种不同的氨基酸组成的，一种谷类的蛋白质可能只含有某几种氨基酸，而缺乏其他几种。我们的身体需要各种不同的氨基酸。假使我们平常只吃一种粮食，就使我们的身体得不到充分的、各种不同的氨基酸。因此，粗粮细粮掺和着吃，是有好处的。

从维生素方面来讲，粗粮也有它的优点。我们知道，胡萝卜素是维生素A的前身，它在动物的体内能转化成为维生素A，可是它在细粮里面的含量是太少了，在小米和玉米里面它的含量就比较多。硫胺素（就是维生素B_1）和核黄素（就是维生素B_2），都存在于谷皮和谷胚里面，因此它们在粗粮里面的含量也比细粮高。至于说到其他维生素如尼克酸（也叫作烟碱酸）和无机盐如钙质和铁质等，一般也是粗粮比细粮含量高。

第三，我们谈到我们身体所需要的营养成分。

我们身体每天所需要的营养成分，就是碳水化合物、脂肪、蛋白质、无机盐和维生素等，因此，我们每天所吃的食物里面也必须含有它们，一种也不能缺少。

碳水化合物的作用主要是供给我们身体的热和能。

脂肪的作用，除了供给热和能以外，还能保持体温，保护神经系统、肌肉和各种重要器官，使它们不会受到摩擦。

蛋白质是构成我们身体组织的主要材料，它能使我们身体生长新的细胞和修补旧的组织。正在生长中的儿童应该多吃含有蛋白质的食物，使他发育成长。正在恢复期间的病人和产妇，也需要多吃含有蛋白质的食物，来修补被破坏了的组织。

无机盐有很多种，它们的作用都不一样。铁是造血的原料，钙是制骨的器材，磷是大脑、神经、奶汁、骨的建筑用品，碘可以预防甲状腺的肿大，其他如钠、钾、镁等也各有各的用处。

维生素也有许多种（已发现的有三十来种，其中有些是有机酸，有些是别种有机化合物），它们是生活机能的激动力，是日常食物中必不可少的物质。吃了充分的维生素，我们的身体才能达到均衡的发展。它们还能加强我们身体的抵抗力，不仅能帮助白血球和抗体抵抗传染病的侵犯，而且还可以预防各种营养不足的病症。

如果我们的身体缺乏了维生素 A，就会得夜盲病和干眼病。得夜盲病的人一到了傍晚，眼睛就看不清东西了，厉害的就会变成瞎子。得干眼病的人，最初的病症是眼球发干，眼泪少，后来渐渐发炎，出很多的眼屎，再坏下去就会流血流脓，眼球上起白斑，到后来眼球烂坏，眼睛就瞎掉了。

如果我们的身体缺乏硫胺素（维生素 B_1），起初是胃口不开，精神不振，情绪不佳，易发脾气，消化不良，晚上睡不着觉，心脏跳动没有规律，思想不集中，后来就得了脚气病，两腿瘫软，不能直立行走，这就是干性脚气病。如果心脏受了障碍，影响了血液循环，就有两腿浮肿的现象，这就是湿性脚气病。

如果我们的身体缺乏了核黄素（维生素 B_2），就会发生口角炎、唇炎、舌炎，或者有阴囊皮炎、颜面皮肤炎等症状。

如果我们的身体缺乏了尼克酸（也是一种B族维生素），就会发生神经、皮肤和肠胃系统的各种症状。神经症状严重的人会发呆。皮肤症状最常见的就是癞皮病：皮肤发炎、红肿、发黑变硬、起皱纹、有裂缝。肠胃症状主要的是腹泻，拉出的屎像水一样，混杂着未消化的食物，气味难闻得很，有时候可以一天拉30多次，如果治疗不当，也可以引起死亡。

如果我们的身体缺乏了维生素C（这种维生素虽然不存在粮食里面，但也是我们不可缺少的一种营养成分；一切新鲜的蔬菜和水果，如辣椒、番茄、橘子、橙子、柚子、柠檬、白菜、萝卜等里面都有它），骨头容易变质，牙齿容易坏，微血管容易破裂出血，结果就会成为坏血病。

维生素C在我们身体里面，可以促进抗体的产生，增加人体对于传染病的抵抗力。

此外，还有其他各种维生素，在这里就不一个一个细讲了。

这样说来，我们的食物里面所含有的各种营养成分，对于我们的身体是非常需要的。可是，这些营养成分，在精白细粮里面的含量不足人体的需要，大多数的粗粮里面才有充足的含量。吃细粮，也吃粗粮，我们身体在这方面的需要就能得到完全满足。这样看来，粗粮细粮都吃的人的身体比单吃细粮的人好，难道还不够明显吗？

第四，我们还指出了粗粮的价钱比细粮贱。

有一位经济专家说："白米白面，不但营养价值不如粗粮，而且价钱反而贵得多。譬如说，一斤小站大米价格是二角一分，一斤白面约合到一角九分，而一斤小米只有一角四分，一斤玉米面只要一角二分。这就是说，买一斤小站大米的钱，够买一斤半小米；买一斤白面的钱，也可以买一斤九两多玉米面。那么，我们为什么不掺和着吃些粗粮，省下钱来多买一些副食品吃呢？"

说到这里，有一位有胃病的同志提出了疑问，他说："粗粮怕不会比细粮容易消化吧？"

营养专家说："我们必须从影响消化的各种因素来看问题。先要看我们的食物里面所含的粗纤维多不多。任何食物都含有一定分量的粗纤维，粗纤维有刺激肠蠕动的作用。如果食物所含的粗纤维过多了，肠蠕动受了过分的刺激，使食物在比较短的时间内就通过消化器官，以致消化液不能有充分的时间发挥分解食物的作用，便会造成消化不良。但是如果粗纤维含量过少了，也会影响肠蠕动不良，容易引起便秘。因此，食物中有适当含量的粗纤维（每天每人5 ~ 10克），那是必需的。有些粗粮如高粱和小米，粗纤维的含量不比细粮高，其他粗粮的粗纤维的含量，除了大麦、莜麦之外，也不至于对消化有什么影响。

"容易消化不容易消化再要看怎样煮法。大米煮熟以后是比高粱米和小米煮熟后消化得要快一些，但是如果将大米磨成米粉，再用水来煮，它的消化速度和经过同样处理的高粱粉和小米粉并没有什么区别。

"容易消化不容易消化更要看怎样吃法。有许多人吃东西是采取狼吞虎咽的办法，不经过咀嚼，没有发挥唾液的消化作用就吞下去，这样的吃法，不但粗粮不容易消化，就是吃细粮也一样不会消化完全的。此外，每次吃的分量，也会影响到消化的能力。

　　"还有，人体消化器官的功能和饮食习惯也有很大的关系。没有习惯吃粗粮的人，吃了粗粮之后先是不容易消化的，到习惯以后，一样可以很好地消化这些粮食。"

　　最后，有些同志提出粗粮好吃不好吃的问题。

　　他们说："吃粗粮虽然比吃细粮好，但是粗粮究竟没有细粮好吃呀！"

　　营养专家说："白米、白面比粗粮容易做得好吃些，但是人们觉得白米、白面好吃，有一部分还是由于老的习惯。这种习惯是可以逐渐改变的，觉得好吃不好吃的标准也是可以逐渐地改变的。况且，粗粮如果能稍稍加以精制和调和，也可以使它更适合人们的口味。在粗粮的制作方面，只要能注意多种多样化，时常改变花样，就可以提高人们对粗粮制品的兴趣。把小米面、玉米面和黄豆面三种混合起来吃，不但营养价值能增高，滋味也是很好的。"

　　我们在主食中吃粗粮以后，就可以将节余下来的伙食费，增买一些蔬菜。每人最好每天吃到蔬菜一斤，其中有一半是叶菜，尤其是绿叶菜（绿叶菜含有丰富的胡萝卜素和维生素C）。在冬季绿叶菜比较少些，可以多吃豆芽和甜薯，这两种食物都含有很丰富的维生素 C。其他副食品要看经济条件而定，如果不能吃到鸡蛋和瘦肉、肝类的话，就多吃些黄豆制品，如豆腐等。

此外，在烹饪操作上也还有几点要注意的地方：

（一）维生素大多数都是有机酸，它们都是怕碱的，所以做饭、做菜都不要加碱，免得维生素受到破坏。

（二）维生素 C 和维生素 B 都是容易溶解在水里的，它们又都怕热，所以不要用热水洗菜，应该先洗后切，切好马上下锅。洗米的时候次数也不要洗得太多，不使这些维生素损失掉。

（三）把米或其他食物放在不透气的蒸锅里蒸，不用火焰直接来煮，是一种很好的烹饪方法，蒸汽的压力不但能使食物熟得快，而且食物的营养成分也能够保存下来。

谈寿命

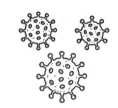

　　地球上的生命活动，远在5亿年以前就开始了。最初的生命，是以蛋白质分子的身份出现在原始的海洋里。

　　往后，越来越多的原始生物，包括细菌、藻类和以变形虫为首的单细胞动物集团，一批又一批地登上生命的舞台。

　　这些原始生物，都是用分裂的方法来繁殖自己的后代的，一个母细胞变成两个子细胞之后，母体的生命就结束了。所以它们的寿命都极短暂，只能以天或小时来计算，最短的只有15分钟。

　　当单细胞动物进化到多细胞动物，寿命也就延长了。

　　例如大家所熟悉的蚯蚓，就能活到10年之久。印度洋中有一种大贝壳，重300公斤，被称作软体动物之王，在无脊椎动物世界里，创造了最高的寿命纪录，能活到100岁。

　　一般说来，昆虫的寿命都很短促。成群结队飞游在河面湖面的蜉蝣，就是以短命而著名的，它们的成虫只活几小时，可是它们的幼虫却能在水中活上几年。

蜻蜓的寿命只有一两个月，它们的幼虫能活上一年左右；蝉的寿命只有几个星期，而它们的幼虫竟能在土里度过17年的光阴。

鱼类的寿命就长得多了。在福州鼓山涌泉寺放生池里所见到的大鲤鱼，据说都是100年以上的动物；杭州西湖玉泉培养的金鱼，也都是30岁以上的年纪了。

在长寿动物的行列中，乌龟的寿命要算最长的了。英国伦敦动物园里保存着一只巨大的乌龟，也许现在还活着，它的年纪已经超过300岁了。听说非洲的鳄鱼，也能达到这样的高龄。

达到100岁以上的动物，还有苍鹰、天鹅、象以及其他少数罕见的动物；一般猛禽野兽和家禽家畜之类，它们的寿命都在10岁到五六十岁之间。

在一般的情况下，它们都不能尽其天年，或者为了人类营养的需要而被宰吃，或者因为年老力衰得不到食物而饿死，也有的因气候突变或传染病而致死。

至于人类的平均寿命，欧洲在黑暗的中世纪，只有20到30岁，这连许多高等动物还不如。

文艺复兴以后，这个统计数字不断地在增长着。现在有一些国家里，人的平均寿命已经达到70多岁的标准，这个标准比一般动物的寿命都要高。现在百岁以上的健康老人也常有所闻。

在我们现代社会，对于人的关怀，是从他的诞生前就开始的，因而婴儿的死亡率大大下降，各种保健制度都已建立起来。党和政府又大力提倡体育运动，以增强人民的体质。这一切，对于延长人民的平均寿命，都具有深远的影响。

随着医学的进步，爱国卫生运动的发展，危害人类的传染病逐渐消灭，就是那可怕的癌症的防治工作也有了不少进展。

近年来，科学家对于征服衰老的斗争，起了令人鼓舞的作用。许多新方法给我们带来了新的希望。人能活到150岁以上，还不是人类寿命的极限。这句话，不能说是过分乐观的估计吧！

防止"病从口入"

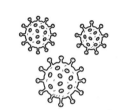

"病从口入"这是一句老话，说明了饮食卫生的重要性。

大家知道，人类的食品，有的是动物，如鸡、鸭、鱼、肉；有的是植物，如米、麦、黍、豆和水果、蔬菜等。

它们大部分都是来自生产队，来自田野和果园，来自渔港和牧场。

经过多少人手的抚摸，多少苍蝇的袭击，多少灰尘的沾染，多少冷水的浸洗。

最后，踉踉跄跄到达了我们的厨房。

这时候，它们身上已经沾满着许多细菌了。

这些细菌，一到了闷热而潮湿的环境里，就迅速地繁殖起来。

繁殖的结果，使水果发酵，鱼肉腐烂。

发酵不全是坏事，人们常利用发酵的作用来酿酒、做醋，制造面包和馒头，制作酱油、豆腐乳、泡菜、酸黄瓜以及发酵饲料等。

腐烂可就危险了。

在腐鱼烂肉里面，隐藏着传染病的危机。

吃了腐烂的食品，潜伏在里面的葡萄球菌、链球菌、大肠杆菌以及其他食物毒细菌，就会乘机起事，在人们肚子里作怪，而痢疾、霍乱、伤寒等这些以饮水和食物为传染途径的病菌，也会随之而来，兴风作浪，患病的人就要吃不消了。如不及早预防，蔓延起来，乱子就要闹大了，全地区有不少的人都要遭殃。

为了避免这些不测的灾难，一方面要严格遵守饮食卫生的纪律，如饭前便后要洗手，生冷的水不要喝，瓜果的皮要洗净，苍蝇爬过的东西不要吃，隔夜的饭菜要煮过，等。

这些都是普通常识，但千万不可大意。

另一方面，还要采取预防措施，为保卫食品而斗争。

人们究竟用什么办法来保卫食品呢？

烹煮是保卫食品的第一个好方法。

从火的发明以来，人们老早就知道烹煮食物的好处了。烹煮食物，不但可以帮助消化，而且可以杀死食物里的细菌。这样，就会防止肚子拉稀，免除肠道传染病。

晒干能保存食品，这是大家都知道的事。

细菌的生存，需要水分。在干燥的环境里，它们就无法进行繁殖，而终止它们的生命活动了。根据这个道理，人们学会了用晒干的办法来保存食品，制成了鱼干、虾干、干果、干菜之类的干食品。

近年来，干食品工业非常发达。人们又用其他去水的方法，制成了奶粉、蛋粉、藕粉、鱼松和肉松。这些干食品，由于干燥的缘故，细菌不能进攻，就可以长期保存不坏。但一遇到潮湿，周围的细菌又会活跃起来，那就不保险了。

盐也能使食品保持不坏，因为它能夺去细菌细胞的水分。如果新鲜的鱼、肉涂上一些盐来，就可以经久不坏，因为细菌不能进攻呀！

糖和盐一样，也能保卫食品不受细菌的侵略。

在高浓度糖溶液或盐溶液的压力下，细菌不但吸不到养料，反而自己细胞里的水分都被夺去了，因而被迫放弃它们侵略食品的企图。所以咸鱼、咸肉、腌菜和蜜饯果品等食品，能较长期地保存下来。

醋也有杀菌的作用，在酸性的控制下，细菌的活动也受到抑制，所以醋渍食物以及泡菜和酸黄瓜等，也能保存。

熏制，也是保存食物的一种好办法。

熏制食品，就是用树枝烧成浓烟来把食品熏干，同时产生了有防腐作用的物质，可以抑制细菌的活动，而保护了食品，并且给它带来了一种好味道。

冷冻，也是保卫食品的好助手。

细菌害怕寒冷的袭击，低温不利于它们的繁殖。在一般情况下，在4℃到10℃的环境里，大多数细菌都要停止了繁殖，所以利用冰箱和冷藏库来保存食品是很适合的，尤其是在夏天。

不过，在冰箱里，有些细菌还能苟且偷生，例如冻结在冰块里的伤寒杆菌，虽然停止了繁殖，一旦气候转暖，冰块融化了，就会重新活跃起来。所以冷饮冷食，要注意检查，不要上病菌的当！

罐头，也是用来保存食品的一种好办法。

鸡、鸭、鱼、肉、水果、蔬菜都可以制成罐头。先把食物煮好，装在干净的洋铁罐子里面，密封起来，然后用高压蒸锅，给它以彻底的高温消毒。特别要注意，不要让腊肠毒杆菌的芽孢混进去，暗中捣乱。如果是这样的话，吃了就有中毒的危险！

此外，人们还利用其他各种方法，如防腐剂、抗菌素和辐射等，来保存食品。为了一个共同的目的，这就是防止"病从口入"。

痰

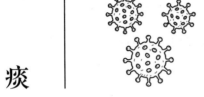

请看历史的一幕："清康熙六十一年（1722），帝到畅春园……病症复重……御医轮流诊治服药全然无效，反加气喘痰涌……翌日晨……痰又上涌格外喘急……竟两眼一翻，归天去了。"

我这篇科学小品就从这里开始。

痰是疾病的罪魁，痰是死亡的魔手，痰是生命的凶敌，痰使肺停止了呼吸，痰使心脏停止了跳动，多少病人被痰夺去了生命。

人们常说："人死一口痰。"实际上不是一口，而是痰堵塞了肺泡、气管，使人缺氧、窒息，翻上来、吐不出的却只是那一口痰。

从宏观来看，痰的外貌是一团黏液。从微观来看，痰里有细菌、病毒、细胞、白血球、红血球、盐花、灰尘和食物的残渣。痰就是这些分子的结合体。

感冒、伤风、着凉是生痰之母，是生痰的原因。

气管炎、肺气肿、肺心病是痰的儿女，是生痰的结果。

咳嗽是痰的亲密伙伴，喷嚏是痰的急先锋，而哼哼则是痰的交响乐。

有了痰就会产生炎症，有了痰就会体温升高，这就导致急性发作或慢性迁延。

有了痰后应该积极进行治疗。自然首先是要服药，服中药中的化痰药：去痰合剂、蛇胆陈皮末、竹沥和秋梨膏。服西药中的化痰药氯化铵、利嗽平，包括消除炎症的土霉素、四环素、复方新诺明等药。一旦服药无效，情况严重，还要输液打针。常用的就是青链霉素、庆大霉素、卡那霉素，必要时还要动用先锋霉素，当然，这要视是哪一种病菌在作怪而定。

然而，治莫过防，防患于未然，则事半功倍。怎样做到事先预防呢？第一，要预防感冒，小心着凉。传染病流行季节，不要到大庭广众中去。天气变凉时，要勤添衣服注意保暖。第二，一定要把痰吐在痰盂或手帕里。这一社会公德是为了避免病菌在广阔的空间漫游，产生更多进入人体的机会。不吸烟的人，不要去沾染恶癖。吸烟的人，一定要戒掉这生痰之"火"，否则，当你的生命进入中老年时期，就会陷入"喘喘"不可终日之中。

吸痰器也是人类和痰作战的有力武器。服药化痰固然是好，但光化不吸也是枉然。吸痰器的功能，就是要把痰从肺泡和气管中抽出来。自从有了吸痰器之后，老年人就不再愁患痰堵之苦。在有条件的情况下，甚至出外旅行也可以带着它走。

我希望在城市的每一条街道，在农村的每一个生产队，都备有这种武器，这是老年人的福音，它可以挽救多少条生命——使这些人在晚年的岁月中，为"四化"建设贡献自己毕生积累的宝贵经验和思想财富。

衣料会议

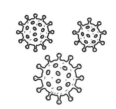

衣服是人体的保护者。人类的祖先，在穴居野处的时候，就懂得这个意义了。他们把骨头磨成针，拿缝好的兽皮来遮盖身体，这就是衣服的起源。

有了衣服，人体就不会受到灰尘、垃圾和细菌的污染而引起传染病；有了衣服，外伤的危害也会减轻。衣服还帮助人体同天气做不屈不挠的斗争：它能调节体温，抵抗严寒和酷暑的进攻。在冰雪的冬天，它能防止体热发散，在炎热的夏天，它又能挡住那吓人的太阳辐射。

制造衣服的原料叫作衣料。衣料有各种各样的代表，它们的家庭出身和个人成分都不一样。今天，它们都聚集在一起开会，让我们来认识认识它们吧！

棉花、苎麻和亚麻生长在田地里，它们的成分都是碳水化合物。

棉花曾被称作"白色的金子"，它是衣料中的积极分子。从古时候起它就勤勤恳恳地为人类服务。在人们学会了编织筐子和席子以后，不久也就学会了用棉花来纺纱织布了。

从手工业到机械化大生产的时代，棉花的子孙们一直都在繁忙紧张地工作着，从机器到机器，从车间到车间，它们到处飘舞着。当它来到缝纫机之前，还得到印染工厂去游历一番，然后受到广大人民的热烈欢迎。

苎麻和亚麻也是制造衣服的能手，它们曾被称作"夏天的纤维"。它们的纤维非常强韧有力，见水也不容易腐烂，耐摩擦，散热快。它们的用途很广，能织各种高级细布，用作衣料既柔软爽身又经久耐穿。

羊毛和皮革都是以牧场为家，它们的成分都是蛋白质。

羊毛是衣料中又轻又软、经久耐用的保暖家，是制造呢料的能手。它们所以能保暖，是由于在它的结构中有空隙，可以把空气拘留起来。不流动的空气原是热的不良导体，可以使内热不易发散，外寒不易侵入。

在人们驯服了绵羊以后，就逐渐学会了取毛的技术。

皮革不是衣料中的正式代表，因为它不能通风，又不大能吸收水分，因而不能做普通衣服用。可是在衣服的家属里，有许多成员如皮帽、皮大衣、皮背心、皮鞋等都是用它们来制造，它们还经营着许多副业如皮带、皮包、皮箱等。皮子要经过浸湿、去毛、鞣制、染色等手续，才能变成真正有用的皮革。

像皮革一样，漆布、油布、橡胶布也不是正式代表，它们却有一些特别用途，那就是制造雨衣、雨帽和雨伞。

蚕丝是衣料中的漂亮人物，也是纤维中的杰出人才，它曾被称作"纤维皇后"。它的出身是来自养蚕之家，它的个人成分也是蛋白质。蚕吃饱了桑叶，发育长大后，就从下唇的小孔里吐出一种黏液，见了空气，黏液便结成美丽的丝。蚕丝在自然界中是最细最长的纤维之一，富有光泽，非常坚韧而又柔软，也能吸收水分。

利用蚕丝，首先，应当归功于我们伟大祖先黄帝的元妃——嫘祖。这是4500多年前的事。她教会了妇女们养蚕抽丝的技术，她们就用蚕丝织成绸子。其实，有关嫘祖的故事只是一个美丽的传说。真正发明养蚕织绸的，是我国古代的劳动人民。随着劳动人民在这方面的经验和成就的不断积累提高，蚕丝事业在我国越来越发达起来。公元前数世纪，我国的丝绸就开始出口了，西汉以后成了主要的出口物资之一，给祖国带来了很大的荣誉。

在现代人民的生活里，人们对衣服的要求是多种多样的，而且还要物美价廉，一般的丝织品和毛织品，还不能达到这样的要求，人们正在为寻找更经济、更美观的新衣料而努力着。

近些年来，在市场上，出现了各种品种的人造丝、人造棉、人造皮革和人造羊毛，这些都是衣料会议中的特邀代表。

人造丝来自森林，人造棉来自木材和野生纤维，人造皮革和人造羊毛来自石油城。

衣料会议中，有一位最年轻的代表，它的名字叫作无纺织布，它来自化学工厂。这是世界纺织工业中带有革命性的最新成就。这种布做成的衣服能使我们感到更轻便，更舒服，更保暖防热，更丰富多彩，也更经济。

无纺织布有人叫作"不织的布"，可以用两种方法来生产。第一种是缝合法，把棉、毛、麻、丝等纺织用的原料梳成纤维网，经过反复折叠变成絮层，然后再缝合成布。第二种是黏合法，把纤维网变成絮层，再用橡胶液喷在絮层上粘压成布。

无纺织布是第二次世界大战后的新产品，因为它能利用低级原料，产量高而成本低，还能制造一般纺织工业目前不能制造的品种，所以世界各国都很重视它的发展，它的新品种不断地在出现。

衣料代表真是济济一堂。

在闭幕那一天，它们通过两项决议。

它们号召：做衣服不要做得太紧，也不要做得太宽。太紧了会压迫身体内部的器官，妨碍肠管的蠕动和血液流通；太宽了妨碍动作而且不能起保暖的作用。

它们呼吁：衣服要勤洗换，要经常拿出来晒晒太阳，以免细菌繁殖；在收藏起来的时候，还得加些樟脑片或卫生球，预防蛀虫侵蚀。保护衣服就是保护自己的身体。

烹调蔬菜二三事

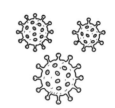

　　蔬菜来自农村，它们要经过长途的旅行，一路上风尘仆仆，才能运到城市的小菜场，不知受过多少苍蝇和其他昆虫的攻击，不知受过多少人的手和脏水的污染，最后到达我们的厨房，已经满身都是灰尘和细菌了。据细菌学家估计，蔬菜每克含菌的总量达250000个，玉米每粒含菌数高至135000个。在这种情形下，我们就不能不把它洗干净，不能不把它们煮熟，不能不把细菌杀灭。

　　有些蔬菜可以生吃，也可以熟吃；有的蔬菜必须煮熟，不煮熟就不容易咀嚼、下咽和消化，味道也不好，但不能煮得太久太烂，太久太烂了所有的营养价值都要失去了。

　　蔬菜有什么营养价值呢？

　　蔬菜来到我们的食桌上，带有许多珍贵的礼品献给人类的消化道，这些礼品就是碳水化合物、蛋白质、维生素、无机盐和纤维素等。

一般蔬菜都含有淀粉和一些葡萄糖，经过烹煮之后，淀粉的颗粒受到了热力的压迫，膨胀而破裂，这样就容易消化了；如果放在滚水里煮，不多一会儿，淀粉就会水解，变成了葡萄糖，所以菜汁里的淀粉和葡萄糖很多。

　　有些豆类蔬菜，含有丰富的蛋白质，经过烹煮以后，有的溶解在水里；有的受热而凝固。在这种情形之下，不能煮得太久，尤其不能放在硬水里煮，因为含有钙盐和镁盐的硬水，会使蛋白质硬化，而不易消化。

　　蔬菜还含有各种维生素、无机盐和纤维素。经过烹煮之后，维生素受的影响最大。蔬菜是维生素的主要来源，我们无论如何不能让它们在烹煮中丧失。

　　有些蔬菜如白菜、莴苣和萝卜以及谷物之类如大米和面粉等，含有维生素B，这种维生素能溶解在水里，为了避免丧失，以少加水为宜，并且应当把所煮过的水，统统设法吃掉。

　　一般蔬菜，都含有维生素C、番茄以及许多新鲜水果，含量最为丰富，这种维生素，最容易为热力所破坏，所以不能煮得太久；如果放在碱性水里煮或加上苏打煮，那它们就会全部消失；最好放在低温里蒸煮，锅上还得加盖，使维生素C能保存下来。

　　蔬菜又是我们矿物质营养的主要来源，这些宝贵的矿物质如钾、磷、铁、碘等，都是以无机盐的状态出现在蔬菜里，它们很容易溶解在水里，所以在烹煮的过程中，我们要尽量地设法保存它们。不

要把它们泡在水里过久，也不要用太多的水来泡；最好用不加水的办法来煮；不要切得太细碎。要知道，为了挽回无机盐的损失，一切菜汤和菜汁都是宝贵的。

蔬菜在它们的叶子、茎和外皮上，还有不少的纤维素，不论用什么方法烹煮，都不至于破坏。这些纤维素，在人体排泄上是有用的，所以不应该把蔬菜的外皮剥得精光。

笑

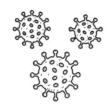

随着现代医学的发展，我们对于笑的认识，更加深刻了。

笑，是心情愉快的表现，对于健康是有益的。笑，是一种复杂的神经反射作用，当外界的一种笑料变成信号，通过感官传入大脑皮层，大脑皮层接到信号，就会立刻指挥肌肉或一部分肌肉动作起来。

小则嫣然一笑，笑容可掬，这不过是一种轻微的肌肉动作。一般的微笑，就是这样。

大则是爽朗的笑，放声的笑，不仅脸部肌肉动作，就是发声器官也动作起来。捧腹大笑，手舞足蹈，甚至全身肌肉、骨骼都动员起来了。

笑在胸腔，能扩张胸肌，肺部加强了运动，使人呼吸正常。

笑在肚子里，腹肌收缩了而又张开，及时产生胃液，帮助消化，增进食欲，促进人体的新陈代谢。

笑在心脏，血管的肌肉加强了运动，使血液循环加强，淋巴循环加快，使人面色红润，神采奕奕。

笑在全身，全身肌肉都动作起来。兴奋之余，使人睡眠充足，精神饱满。

笑，也是一种运动，不断地变化发展。笑的声音有大有小；有远有近；有高有低；有粗有细；有快有慢；有真有假；有聪明的，有笨拙的；有柔和的，有粗暴的；有爽朗的，有娇嫩的；有现实的，有浪漫的；有冷笑，有热情的笑，如此等等，不一而足，这是笑的辩证法。

笑有笑的哲学。

笑的本质，是精神愉快。

笑的现象，是让笑容、笑声伴随着你的生活。

笑的形式，多种多样，千姿百态，无时不有，无处不有。

笑的内容，丰富多彩，包括人的一生。

笑话、笑料的题材，比比皆是，可以汇编成专集。

笑有笑的医学。笑能治病。神经衰弱的人，要多笑。

笑可以消除肌肉过分紧张的状况，防止疼痛。

笑也有一个限度，适可而止，有高血压和患有心肌梗塞①毛病的病人，不宜大笑。

_____

① 今称"心肌梗死"。

笑有笑的心理学。各行各业的人，对于笑都有他们自己的看法，都有他们的心理特点。售货员对顾客一笑，这笑是有礼貌的笑，使顾客感到温暖。

笑有笑的政治学。做政治思想工作的人，非有笑容不可，不能板着面孔。

笑有笑的教育学。孔子说："学而时习之，不亦说乎！"这是孔子勉励他的门生们要勤奋学习。读书是一件快乐的事。我们在学校里，常常听到读书声，夹着笑声。

笑有笑的艺术。演员的笑，笑得那样惬意，那样开心，所以，人们在看喜剧、滑稽戏和马戏等表演时，剧场里总是笑声满座。笑有笑的文学，相声就是笑的文学。

笑有笑的诗歌。在春节期间，《人民日报》发表了有关笑的诗。其内容是："当你撕下1981年的第一张日历，你笑了，笑了，笑得这样甜蜜，是坚信：青春的树越长越葱茏？是祝愿：生命的花愈开愈艳丽？呵！在祖国新年建设的宏图中，你的笑一定是浓浓的春色一笔……"

笑，你是嘴边一朵花，在颈上花苑里开放。

你是脸上一朵云，在眉宇双目间飞翔。

你是美的姐妹，艺术家的娇儿。

你是爱的伴侣，生活有了爱情，你笑得更甜。

笑，你是治病的良方，健康的朋友。

你是一种动力，推动工作与生产前进。

笑是一种个人的创造，也是一种集体生活感情融洽的表现。

笑是一件大好事，笑是建设社会主义精神文明的一个方面。

让全人类都有笑意、笑容和笑声，把悲惨的世界变成欢乐的海洋。

病的面面观

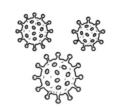

　　病是中国人的家常便饭，西洋人的午后茶点，司空见惯了，它的辛酸苦辣，没有谁不知道哩。有许多人听了病这一字，不免愁眉皱额，叹一两口气，滴几滴同情的眼泪。在这个讲不得卫生的年头儿，谁没有过病的经验，或是见家人病，或是见人家病，或是自己倒在床上起不来。有的人一身都是病，一旦传染流行起来，一家、一村、一市、一国甚至于全地球都要被它踏遍了，还不肯于短时间内退兵，真是愈说愈厉害了。

　　病之来也如风如迅雷闪电，猝不及防，出人不意，然亦有时得之于有意无意之间。病之去也如五月间的梅雨，留下许多污泥水印。病有呻吟唉呵之声，枯黄惨白之色，脓臭汗药之味，憔悴瘦削之容，充满了疲惫沉闷的空气。病虽与生同居，却与死为邻，思至此，不禁为之提心吊胆。

　　然而普通人只有病的经验，说不出病的道理来，不知病的起源，病的趋向，病从何方来，到何方去，前一刻还没有病，怎么这一刻就病了，从哪一分哪一秒病起，哪一分哪一秒病止，人怎么样才算病，病怎么样才算好，好人和病人究竟有什么区别。病重者易见，病轻者难辨，病有时看不出，验不出，有时说不出，有时不愿说出，不便说出，不敢说出，人不是时时刻刻都有病的危险吗？好了又病，病了又好，病都病了，也都好了，还有不免一死，一死而了，做人真难做，病到底怎样讲，也应当有一个界限，有个标准，有个分寸，病到底是什么定义呢？真是使一般人听了，摸头摸脑摸不着，没奈何。

因为病轻者难辨，于是病可以假。记得做中学生的时候，欲请假无由，假病为由。校医验病，一向只看热度及脉跳。假病的惯例，先吃一碗辣酱面，再去大操场快跑一圈，即到医院。校医验罢，一声不响，准假单立挥而就。

因为病有时看不出，于是病又可以假了。观乎报上所载各种要人的病，时而来沪就医，时而上莫干山，时而迁青岛，时而飞庐山，凡不能了不易了的公事，均以一病了之。病则辞职有词，免职亦有词。要人诚多病，病多看不出。

因为病有时验不出，所以医生可以说病人并无病，是神经作用，是心理虚构。我曾在某医院住了半年，半年之中，看见不少病人，而最奇怪的病，莫如一种似病非病、无病的病人。医生天天说他无病，他天天在医生面前摸头弄手，指口画心，一五一十，诉他的病。

医生终于无法验出他的病，他也终于无法，垂头丧气，出院去了。

妇人的病，多说不出，多不便说出。身有暗疾，或犯性神经衰弱，以及一切不漂亮的病，则不愿说出。若不幸而得花红柳绿的病，则更不敢说。面子要紧，病在其次，所以这些病都不肯直说了。

病居然也有贵贱善恶之分。达官贵人的病，总是公事太忙，操劳过度。小工穷人的病，总是前生恶报，自作自受。

娇生惯养的公子哥儿小姐少奶奶，经不起风吹雨滴太阳晒，出不得门，走不得远路，爬不上高山，穿衣吃饭都须人扶持服侍。这些人虽无病，而他们的做作架子有甚于病人，可以称作有病意的好人了。

17世纪时代，法国大文豪伏尔泰，一生为病魔所缠，而他不断地努力、挣扎、奋斗，活到了84岁，所遗留下来的作品之多，恐怕除了歌德之外，没有人敢比了。19世纪时代，苏格兰的著作家斯蒂文森，是一位长期的肺痨病者，而他的《宝岛》及其他小说等，就是在病中作的，至今犹脍炙人口。这两位先生，又是虽病不病的病人了。

病与好之别在旁观者看来是一样，在病人自己看来又是一样。

在病人，自然觉得，病的时期是多么苦痛，好的时期是多么清爽。心与身是相互联系的。伤风生病，伤心也会生病。而且病的轻重，随着心境而变化，心境的悲乐也随着病而变化，时而希望，时而失望，时而绝望。绝望之为虚妄正与希望同。然而这是旁人不关痛痒的话。病人的苦心，又岂无病的人所能知，有几个人大病在身，能神色不变，怡然自得呢？果而，则是天人，与自然同化。

在医生，靠他课堂上所闻、书本上所见、实验室所做及临床所记录等等，综合而得来的学识，于是一个一个排在病房中，或坐在门诊间里面，各种各色的病人，都是他动口动手实验的实验品了。这个人的病状报告及诊视结果，再佐以痰血屎尿的检查，假如和他记忆中的某种理想的病象相符合，就没有问题了。万一遇到一种记忆里模糊，或记忆里没有过的病症，一时脑子里忙乱起来，于是寻参考书，请大医生，或用好言来对付敷衍病人，心里也就平静了。至于病人的进展，病的去向，管不着，病人的经济能力，病人的家境，病人心中的苦痛，更不喜多问了。病是什么？病是医生的生意，病人是医院的商品，病是一种学问，医生是商人而兼学者，有时还能做官呵。医生与病人真正的关系，七分在钱，二分在学问，或有一分在治病。

以病人为商品，为实验品，这不过是一般医生的眼光，医生的心理。以病的大事，完全付托于一二年轻、唯利是图的医生，不啻以生命来作赌物，医生固有时承担不起这种输赢的责任啊。那么，怎么办呢？病是什么？人为什么病？病到底是怎样解说呢？

我们且看病的内容，病的枝叶花果，然后寻出它的根由。

人身上下内外，自头皮以至于脚趾，自心内膜以至于皮肤，没有一块肉，不可以病。有限于局部，有遍于全身。举凡消化、呼吸、排泄、血液、血管、心房、内分泌腺、神经、特觉、肌肉、骨骼等各系各器官，皆有发炎、破裂、溃烂、硬化、变态诸危险。

人身无时无刻不在环境包围攻击之中。夏日热要中暑，北风冷要受寒。登高山有山病，潜海底有水病。既晕车，又晕船。煤毒、金毒、砒毒、酒、烟、鸦片、吗啡种种毒品，牛腊肠罐头，有时也含毒质，都可以致病。营养不足会病，"新陈代谢"失调也会病。真是病不可胜病。这些病还是自己走上门来，没有别个主使，没有别个来侵害哩。

生物界中，各级分子，到处抢食。有的爬近人类身旁，人肉也香也中吃，率性咬他一口。这一咬，人不是伤就是病，或是死，不死，就要反攻复仇了。然而有时是人把它吞下去了，它没有闷死，于是就将计就计，在肚子里反攻复仇。结局，谁死谁活，要看谁的手段高，或竟两下协调，这一辈子可以相安无事了。

老虎咬人，只需一口，生与死直接交待，没有病在中间，所以老虎之咬，是死的因，不成病的因了。

疯狗咬人，不是狗要吃人，是狗口涎里的微生物要吃人，所以狗不过是病的桥梁。那微生物是病的坦克车了。

毒蛇咬人，人吃毒鱼，蛇和鱼不是病因，而它们所分泌的毒，却是病因了。

臭虫、蚊子、鼠蚤咬人，它们只贪吃一点人血罢了，却都不是病因。但是它们有时包藏祸心，变成为传染病的轰炸机，所投下的炸弹，都是极凶狠的微生物，而演成黑热病、疟疾及鼠疫的惨变。这些微生物才是病的元凶，病的主犯。

微生物未必皆害人生病，然而由外界侵入的病，则必由于一种微生物作祟。

微生物是肉眼看不见的生物。因为看不见，所以容易混入人体，而人不知，这是侵害人体内部的第一条资格。若是苍蝇冲进口里，蚂蚁爬入鼻孔，早已没命了。

微生物种类甚繁，分布甚广，其害人者，多寄生于人畜及昆虫体内，所以又名寄生物。在多细胞动物中，有"蛭"，有带虫，有线虫，有疥虫诸类；在单细胞动物中，有变形虫，有疟虫，有鞭毛虫，有纤毛虫，有螺旋虫诸类，在单细胞植物中，有丝菌，有线菌，有酵母菌，有球菌，有杆菌，有螺旋菌诸类，统称曰细菌；此外还有一类最小的生物，小到连显微镜都看不见，科学的名词，叫作"滤过性病毒"，天花、麻疹、疯狗咬病等等，就是它们所下的毒手。这些怪姓怪名的生物，不过先请出来见一见，以后当有再谈的机会。

这些微生物，有一个侵入人体，去吃人的细胞，病就开始，拼了一个你死我活。它不退尽杀尽，病不能好，或竟双方实行共同生活，病也就无形之中去了。